CARBON

하루 한 권, **탄소**

사이토 가쓰히로 지음

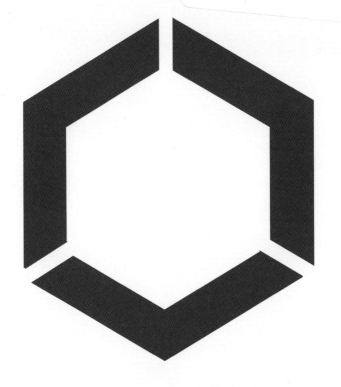

'원소의 왕' 탄소가 꿈꾸는 무한한 가능성의 세계

사이토 가쓰히로

1945년 출생. 1974년 도호쿠대학 대학원 이학연구과 박사과정을 수료했다. 현재는 나고야공업대학 명예 교수다. 전문분야는 유기화학, 물리화학, 광화학, 초분자 화학으로 『マンガでわかる有機化学 가볍게 읽는 유기화학』, 〈サイエンス・アイ新書〉은 현재 12쇄 48,000부의 베스트셀러다. 그 이외의 주요 저서로는 『汚れの科学 오염의 과학』·『周期表に強くなる！改訂版 주기율표에 강해진다! 개정판』·『身近に迫る危険物 우리 주변에 있는 위험물』·『料理の科学 요리로 읽는 맛있는 화학』·『毒の科学 독의 과학』·『知られざる鉄の科学 알려지지 않은 철의 과학』·『マンガでわかる無機化学 가볍게 읽는 무기화학』·『マンガでわかる元素118 만화로 배우는 원소 118』·『知っておきたい放射能の基礎知識 방사능의 기초지식』·『知っておきたい有害物質の疑問100 유해물질 의문 100』·『レアメタルのふしぎ 희소 금속의 신비』·『毒と薬のひみつ 독과 약의 비밀』·『金属のふしぎ 금속의 신비』, 〈SBクリエイティブ〉등이 있다.

탄소 왕국에 오신 여러분을 진심으로 환영합니다! 앞으로 여러분이 만나게 될 탄소 왕국은 탄소 원자를 왕으로 모시는 굉장한 왕국입니다. 탄소 원자는 지구상에 있는 모든 생물을 만드는 주요 원소로 군림하고 있을 뿐만 아니라 지구를 넘어 전 우주에 널리 존재하고 있어요.

지금으로부터 138억 년 전에 일어난 대폭발, 빅뱅 후에 탄소 원자가 탄생했어요. 좀 더 자세히 말해 볼게요. 빅뱅이 일어날 때 탄생한 수소 원자들이 모여 항성이 되었고, 고온·고압의 항성 내부에서 수소 원자끼리 핵융합을 일으켜 탄소 원자가 탄생했어요. 즉, 탄소 원자의 고향은 항성입니다.

탄소 원자는 1mm의 1,000만 분의 1 정도로 작고, 둥근 구름과 같은 모양이에요. 구름처럼 보이는 것은 6개의 전자가 만들어낸 전자 구름(전자의 위치와 운동량은 동시에 정확하게 측정 불가능하며 특정 위치에서 전자가 발견될 확률만을 알 수 있다. 전자가 존재할 수 있는 확률 분포를 시각적으로 나타내면 마치 구름처럼 보이므로 이를 전자 구름이라 한다. - 옮긴이)이고, 이 전자 구름의 중심에는 밀도가 높은 작은 원자핵이 존재합니다. 탄소 원자는 이 6개의 전자를 사용해 탄소끼리 혹은 다른 원자와 결합하여 다양한 분자를 만들죠. 이렇게 만들어진 유기 분자는 탄소 왕국의 국민이 되어 왕국을 만들어 갑니다.

탄소의 활약상은 그저 놀라움의 연속이에요. 지구상의 모든 생명체를 구성하고, 생명을 유지하는 식량이 되는가 하면, 병과 싸우는 의약품으로 변신하기도 하죠. 우리 생활을 풍요롭게 하는 신소재가 되고, 각종 산업을 지탱하는 에너지도 생산합니다. 인류는 자연계에 존재하는 탄소들과 서로 협력하며 살아왔다고 할 수 있겠네요.

20세기 초에 미국의 젊은 화학자 월리스 캐러더스는 플라스틱의 세계를 열었습니다. 그가 만들어 낸 플라스틱의 일종인 나일론은 자연계에 존재하지 않으며, 인류가 탄소로 만든 신소재입니다.

현재 우리는 플라스틱 없이는 생활할 수 없다고 해도 과언이 아니에요. 사람들은 철보다 가볍고 강한 탄소 화합물을 만들어 냈고, 심지어 어떤 탄소 화합물은 철보다 전도성이 높기까지 해요. 탄소 화합물로 만든 전지도 개발되었고요. 최첨단 비행기도 탄소섬유로 만들고 있다고 해요. 이제는 탄소 화합물이 철을 능가할 정도의 수준이 된 거죠.

인류의 역사를 석기 · 청동기 · 철기 시대로 구분합니다. 현대는 기원전 10세기경에 시작된 철기 시대에 속한다고 여겨지고요. 과연 그럴까요? 현대를 '철기 시대'라고 해도 괜찮을까요? 현대는 '탄소기 시대'에 돌입했다고 하는 편이 맞지 않을까요?

이 책은 탄소 왕국을 쉽고 재미나게 소개하고 있습니다. 이 책을 다 읽고 나면 탄소라는 원소가 얼마나 심오한지, 얼마나 다른 물질들과 활발하게 반응하여 자유자재로 변신할 수 있는지, 얼마나 유용한지, 나아가 얼마나 무궁무진한 가능성이 있는지 알게 될 겁니다.

사이토 가쓰히로

CONTENTS

carbon

구조식을 알아야
탄소 왕국을 이해한다!

◎ 구조식을 보는 방법

구조식은 화합물을 구성하는 원자의 입체 구조를 단순한 형태로 표현한 화학식입니다. 구조식을 이해하는 데 꼭 필요한 지식을 알려 줄게요.

구조식에 사용되는 기호의 의미

기호	의미
——	단일 결합
═══	2중 결합
≡≡≡	3중 결합
▲	평면을 기준으로 앞쪽으로 튀어나온 원자
▲ ----	평면을 기준으로 뒤쪽으로 들어간 원자
⌣	육각형 구조에서 사용되며, 굵은 부분이 앞으로 나왔다는 의미
⟶	배위 결합(특수한 결합으로 인력의 일종)

◎ 구조식 표기법의 종류

구조식 표기법에는 몇 가지 종류가 있습니다. 한번 살펴볼까요?

탄화수소 구조식의 기본, 상세 구조식

탄소와 수소만으로 이루어진 화합물을 탄화수소라고 합니다. 탄화수소 중 구조가 가장 간단한 물질은 메테인[CH_4]으로, 1장에서 자세히 다루겠지만 수소 4개가 서로 109.47°의 각도로 연결된 정사면체 구조로 되어 있어요. 구조식에서는 탄소에서 사방으로 뻗어 나가는 4개의 직선을 긋고, 그 끝에 수소를 붙여 평면적으로 표기합니다. 예를 들어 에테인[CH_3-CH_3]은 메테인과 같은 표기법을 따르면 다음 표의 패턴1처럼 나타낼 수 있어요. 이걸 상세 구조식이라고 불러요.

구조식 표기법의 종류

	분자식	구조식 패턴1	구조식 패턴2	구조식 패턴3
메테인	CH_4	H–C–H (위·아래 H)	CH_4	
에테인	C_2H_6	H–C–C–H (각 C에 H)	$CH_3 - CH_3$	
프로페인	C_3H_8	H–C–C–C–H (각 C에 H)	$CH_3 - CH_2 - CH_3$	∧
뷰테인	C_4H_{10}	H–C–C–C–C–H (각 C에 H) / 가지형 구조식	$CH_3 - CH_2 - CH_2 - CH_3$ $CH_3 - (CH_2)_2 - CH_3$ $CH_3 - CH - CH_3$ (아래 CH_3)	∿ / Y형
에틸렌	C_2H_4	$\begin{matrix}H\\H\end{matrix}C=C\begin{matrix}H\\H\end{matrix}$	$H_2C = CH_2$	=
아세틸렌	C_2H_2	$H - C \equiv C - H$	$HC \equiv CH$	≡
사이클로프로페인	C_3H_6	삼각형 구조식	$\begin{matrix}CH_2\\CH_2 - CH_2\end{matrix}$	△
프로필렌	C_3H_6	이중결합 구조식	$H_2C = CH - CH_3$	⟋⟍
벤젠	C_6H_6	육각형 구조식	$\begin{matrix}CH=CH\\CH \quad\quad CH\\CH=CH\end{matrix}$	⬡

간략 구조식

탄화수소의 탄소 수가 늘어나 분자가 커지면 패턴1의 방법으로는 복잡해서 알아보기 불편하죠. 그래서 패턴2처럼 간략하게 나타낼 수도 있어요. 패턴2는 간략 구조식이라고 부릅니다. 탄소 1개마다 그 탄소에 결합하는 수소와 함께 CH_3, CH_2와 같은 작은 단위로 나타내는 방법이에요. 그렇게 묶은 단위가 n개 연속할 때는 묶어서 나타내기도 하고요. 예를 들어 CH_2가 n개 있다면 $(CH_2)n$으로 쓸 수 있어요. 깔끔하고 알아보기 쉽죠?

골격 구조식

그런데 더 복잡한 화합물에서는 패턴2의 방법을 써도 번잡하고 알아보기 힘들어요. 이때 사용되는 방법이 패턴3과 같은 골격으로 표기하는 방법입니다. 이를 골격 구조식이라고 불러요. 이 표기법에는 다음과 같은 간단한 규칙이 있습니다.

☑ 직선의 양 끝과 꼭짓점에는 탄소가 있다.
☑ 탄소에는 탄소가 필요로 하는 충분한 개수의 수소가 결합하고 있다.
☑ 2중 결합과 3중 결합은 각각 2중선과 3중선으로 나타낸다.

이 세 가지 규칙을 지키면 어떤 종류의 결합이든 골격 구조식으로 나타낼 수 있어요! 뿐만 아니라 골격 구조식에서 패턴1의 구조식을 도출할 수도 있고요. 대부분의 유기 화합물(왜 '유기 화합물'이라고 부르는지는 26쪽을 참고하세요) 구조식은 골격 구조식으로 나타냅니다.

◯ 치환기의 종류

유기 화합물의 종류는 너무나 방대해요. 이런 유기 화합물을 정리할 때 편리한 것이 치환기의 개념이에요.

유기 화합물의 구조는 모체(몸) 부분과 치환기(얼굴) 부분으로 나누어 생각하면 쉬워요. 치환기는 이른바 분자의 얼굴이라고 할 수 있어요. 인형의 얼굴을 바꾸면 인형이 크게 달라지듯이, 화합물도 치환기를 바꾸면 물성이나 반응성이 크게 달라집니다.

치환기에는 몇 종류가 있는데, 크게 알킬기와 작용기로 나눌 수 있어요.

알킬기

알킬기는 탄소와 수소만으로 이루어져 있으며 불포화 결합(2중 결합과 3중 결합을 말합니다)을 포함하지 않는 치환기를 말해요. 대표적인 알킬기로 메틸기[$-CH_3$]와 에틸기[$-CH_2CH_3$]가 있어요. 메틸기는 $-Me$로, 에틸기는 $-Et$ 혹은 $-C_2H_5$라고 쓰기도 합니다. 또 알킬기를 'R'로 쓰기도 하는데, 구조식에서 어떻게 쓰이는지는 천천히 보자고요.

작용기

간단히 말해 알킬기를 제외한 치환기를 말해요. 탄소와 수소만으로 이루어져 있으면서 불포화 결합을 포함하는 치환기가 있고, 탄소와 수소 이외의 원자를 포함하고 있는 치환기가 있어요. 작용기는 분자의 성질에 크게 영향을 미치고, 같은 치환기를 가진 화합물은 모체의 종류와 상관없이 같은 성질을 지니죠. 예를 들어 하이드록시기[$-OH$]를 가지는 화합물이 일반적으로 알코올로 불리듯 같은 치환기를 가진 화합물은 같은 명칭으로 불릴 때가 많아요. 또한 할로젠 원소인 플루오린[F], 염소[Cl], 브로민[Br], 아이오딘[I] 등은 'X'로 쓰기도 해요.

치환기가 모체가 된다고?

치환기로 나타낸 것이 모체가 되기도 해요. 대표적으로 알킬기와 작용기 중 페닐기가 있는데, 알킬기와 페닐기는 치환기로 생각해도 되지만 이걸 모체 부분이라고 생각할 수도 있죠.

제 I 부

영광의
탄소 왕국

carbon

제1장

어서 오세요,
빛나는 탄소 왕국에

탄소 하면 무엇이 떠오르나요? 시커먼 숯 정도가 생각나지
않나요? 그렇지만 알고 보면 탄소는 우리가 살아가는 이
지구상에 생명을 만들고 유지하는 장본인이에요. 그럼
탄소 왕국을 여행하러 함께 출발해 볼까요?

지구는 탄소가 지배한다!

우주에는 무수한 항성이 빛나고 있어요. 그 많은 항성에서 탄소 원자가 만들어지고 우주로 내뿜어져요. 그러니 이 드넓은 우주 공간 이곳저곳에 탄소 왕국이 생겨나지 않을까 생각할 수 있겠죠. 그러나 무수한 탄소 국민들로 이루어진 탄소 왕국이 지구 이외의 장소에서 발견되었다는 이야기는 아직 들어본 적이 없어요. 생명체가 지구 이외의 장소에서 발견되지 않은 것처럼 말이죠.

탄소 왕국 지구에 탄소가 별로 없다고?

다음 그래프는 우주 전체에 존재하는 원자의 양을 원자 개수의 비율로 나타낸 것이에요. 이를 우주원소존재비라고 합니다. (우주원소존재비는 주로 태양계를 관찰해 얻은 값을 토대로 계산했지만, 우주에 존재하는 항성의 90% 이상이 태양과 같은 주계열성이므로 이를 토대로 전체 우주의 원소량을 추정할 수 있기에 '우주(cosmic)원소존재비'라고 부른다. – 옮긴이)

원자 번호(수소부터 우라늄까지)

각 원소의 수
(규소[Si]의 수를
10⁶(100만)개로
놓았을 때)

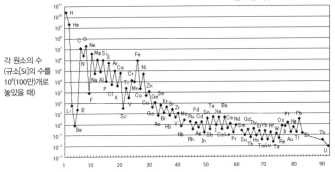

원자 번호가 짝수인 원소는 이웃하는 홀수 원소보다 더 많이 존재합니다. 이를 '오도–하킨스의 법칙'이라고 합니다.
※ 출처: 오타 아쓰유키(太田 充恒)(2010년), "산업기술종합연구소 내 오타 아쓰유키의 페이지", https://staff.
aist.go.jp/a.ohta/, 2018년 11월 8일 접속

수소[H]와 베릴륨[Be]을 제외하면 원자 번호가 짝수인 원자가 많다는
사실을 알 수 있어요. 원자 번호가 홀수인 원자보다 짝수인 원자가 더 안정
된 상태이기 때문이라고 해석할 수 있죠.

다음 22쪽의 표는 원소가 많은 순서대로 1위부터 15위까지 나열한 거예
요. 첫 번째 칸은 우주 전체를 기준으로, 두 번째 칸은 지구를 기준으로, 마
지막으로 세 번째 칸은 지구의 지각만을 기준으로 놓았어요.

순위	우주(원자 수 비율)		지구 전체(원자 수 비율)		지구 지각 내(%)	
1	수소	H	산소	O	산소	O
2	헬륨	He	철	Fe	규소	Si
3	산소	O	마그네슘	Mg	알루미늄	Al
4	탄소	C	규소	Si	철	Fe
5	네온	Ne	황	S	칼슘	Ca
6	질소	N	알루미늄	Al	나트륨	Na
7	마그네슘	Mg	칼슘	Ca	칼륨	K
8	규소	Si	니켈	Ni	마그네슘	Mg
9	철	Fe	크롬	Cr	타이타늄	Ti
10	황	S	인	P	수소	H
11	아르곤	Ar	나트륨	Na	인	P
12	알루미늄	Al	타이타늄	Ti	망가니즈	Mn
13	칼슘	Ca	망가니즈	Mn	플루오린	F
14	나트륨	Na	코발트	Co	바륨	Ba
15	니켈	Ni	칼륨	K	탄소	C

탄소의 순위를 살펴보면 우주 전체에서는 4위를 차지하지만 지구에서는 순위권 밖이고, 지각 내에서는 겨우 15위에 머물고 있습니다. 지구에서는 의외로 적은 원소랍니다.

이 세 순위 사이의 유의미한 일치점은 무엇일까요? 답은 '없다'입니다. 탄소를 살펴보면 우주에서는 4위라는 높은 순위를 차지했지만 지구에서는 15위에 들지도 못했거든요. 아마 별이 폭발할 때 밀도가 작고 가벼운 탄소는 우주 공간에서 흩어졌기 때문에 이런 결과가 나온 게 아닐까요?

🔵 탄소가 지구의 지각에 몰려 있는 이유

그런데 지각을 살펴보면 그래도 탄소가 15위에 모습을 드러내고 있네요. 이건 지구가 어떻게 생성되었는지 생각하면 이해할 수 있어요. 지구는 우주의 암석이 모여서 만들어졌는데, 처음 만들어졌을 때는 암석끼리 부딪치며 생긴 충돌 에너지 때문에 온도가 높아서 질퍽질퍽한 용암 상태였어요. 이런 상태에서 망가니즈[Mn]나 니켈[Ni] 등 밀도가 높은 원소는 중심으로 가라앉고, 규소[Si]나 알루미늄[Al] 등의 가벼운 원소는 표면으로 떠올라 지각을 이루게 된 것이죠.

🌀 화려하지만 약한 탄소 왕국

지구상에서 탄소가 가장 많은 곳은 다름 아닌 지표면입니다. 산을 뒤덮은 녹색의 식물, 그 안에서 살아가는 동물, 날아다니는 곤충 모두 탄소 왕국의 거주자들이에요. 생명체가 넘치는 아름다운 왕국이지요.

그러나 지표를 뒤덮은 녹색의 베일을 벗으면 밋밋하기 그지없는 무기물로 만들어진 갈색 토사와 암석이 드러나 버려요. 즉, 지표에 존재하는 생명체들이 건설한 탄소 왕국은 의외로 연약합니다.

풀 한 포기 자라지 못하는 황토고원

초봄에 일본으로 불어오는 황사는 대부분 중국의 황토고원에서 시작된 것입니다. 이 황토고원은 지금으로부터 수천 년 전에는 녹음이 우거진 야산이었지만 거듭되는 전쟁으로 수많은 나무들이 타 버렸어요. 또한 진시황제가 자신의 무덤을 지키기 위해 엄청난 수의 병마용(병사·전차·말 등 다양한 사람과 사물을 흙으로 빚어 구워 만든 등신대 인형. – 옮긴이)을 만들었는데, 이때 많은 나무를 벌채해 장작으로 사용했거든요.

그 결과, 황토고원은 보수력을 잃었어요. 비가 오면 바로 홍수가 나 버리고, 부엽토로 이루어진 비옥한 표토가 홍수에 휩쓸려 떠내려가길 반복했죠. 그리하여 황토고원은 초목이 자라나지 않는 사막이 되어 버린 거예요.

빨간 눈의 야마타노 오로치

황토고원에서와 같은 일이 일본의 주고쿠 지방에서도 일어났어요. 주고쿠는 사철이 많이 나는 곳으로, 사람들은 이를 이용해 제철·제련을 하며 활발하게 철을 생산했어요. 제련은 산화철에서 산소를 빼앗아 환원시키는

야마타노 오로치의 전설은 무분별한 삼림 벌채로 인해 환경이 파괴되어 일어난 히이(斐伊)강의 홍수 피해를 모티프로 했다고 여겨집니다.

과정이에요. 이때 환원제로 사용된 것이 목탄이죠.

산화철[Fe_2O_3]과 탄소[C]를 반응시키면 산화철의 산소가 탄소와 결합해 이산화 탄소가 되고, 산화철은 산소를 잃고 환원합니다.

$$2Fe_2O_3 + 3C \longrightarrow 4Fe + 3CO_2$$

주고쿠 사람들은 산에 자라던 수많은 나무들을 잘라 목탄으로 사용했고, 결국 주고쿠 지방의 산들은 보수력을 잃고 홍수가 빈번하게 일어났어요. 결국 황토고원과 같은 결말을 맞이했지요. 이 비참한 피해는 8개의 봉우리를 덮을 정도로 거대한 구렁이, 야마타노 오로치의 전설로 전해져 내려오고 있어요. 전설에 따르면 오로치의 눈은 새빨갛다고 하는데, 고대 용광로의 불꽃을 표현한 거라고 하죠.

이 오로치를 퇴치한 것이 무용과 난폭함으로 명성을 떨친 신, 스사노오노 미코토라고 해요. 스사노오노가 야마타노 오로치를 퇴치하고 꼬리를 자르자 거기에서 검이 나왔는데, 그 검에는 '아마노무라쿠모의 검'이라는 이름이 붙었어요. 아마노무라쿠모는 하늘의 떼구름을 의미하는데, 칼의 몸체에 구름과 같은 '날 무늬'가 있었음을 의미해요. 그렇다면 그 검은 이전까지의 청동검이 아니라 철검이라는 뜻입니다.

현대의 야마타노 오로치, 산성비를 만들다

현대문명은 천연가스, 석유, 석탄 등의 화석 연료로 이루어져 있다고 해도 과언이 아니에요. 그런데 화석 연료에 함유된 질소[N]와 황[S]의 화합물이 연소하는 과정에서 낙스(NO_x)라 불리는 질소산화물과 삭스(SO_x)라 불리는 황산화물이 발생해요. 이 산화물들이 비에 녹으면 산성비가 되죠.

산성비는 땅에서 자라나는 식생에 피해를 주고 마침내는 시들게 만들어 버려요. 식생을 잃은 지표의 종착점은 황토고원밖에는 없습니다.

탄소 왕국의 국민들, 어떻게 태어났을까?

탄소 왕국은 굉장한 나라예요! 왕인 탄소 원자를 중심으로 많은 국민이 거주하고 있죠. 탄소 왕국의 국민을 보통 유기 화합물이라고 해요. 모두 탄소 원자를 포함한 분자들이에요.

탄소 왕국의 국민들은 그 모습도 참으로 다양해요. 여러 개의 원자로 이루어진 작은 물질도 있고 수억 개의 원자로 이루어진 거대한 물질도 있어요. 미녀와 미남도 있고요. 몸집은 커도 구조와 구성이 단순한 물질이 있는가 하면, 엉킨 실타래처럼 매우 복잡한 물질도 있어요.

이 왕국의 국민들은 어떻게 태어났을까요?

◯ 이름이 왜 '유기 화합물'일까?

원자의 가장 큰 특징은 여러 개의 원자가 결합해 여러 종류의 원자로 이루어진 구조체를 만들 수 있다는 데 있어요. 이런 구조체를 보통 분자 또는 화합물이라고 부르는데, 화합물은 유기 화합물과 무기 화합물로 나뉩니다.

이전에는 생명체가 생산하는 화합물을 유기 화합물이라고 불렀어요. 그런데 화학이 나날이 발전하면서 많은 유기 화합물이 생명체와 상관없이 생산될 수 있다는 사실이 밝혀지면서 이 정의는 무의미해졌어요. 지금은 생명체와 관계없이 탄소 원자가 주로 관여한 화합물을 모두 유기 화합물이라고 하고, 그 이외의 화합물을 무기 화합물이라고 부르고 있습니다.

◯ 유기 화합물에 들어갈 수 있는 원자는 정해져 있다고?

유기 화합물의 특징은 그것을 구성하는 원자의 종류가 한정되어 있다는 거예요. 탄소[C]와 수소[H]가 주요 원소인데, 특히 이 두 종류의 원자만으로 이루어진 분자를 특별히 탄화수소라고 불러요.

그런데 이 탄화수소의 종류가 어마어마하다고 해요. 몇억 종류인지 몇조 종류인지, 세는 것조차 불가능하다니 놀라울 따름이죠. 왜 그렇게 되는지는 뒤에서 자세히 살펴보겠지만 이렇게 종류가 많은 것도 유기 화합물의 큰 특징이에요.

유기 화합물을 구성하는 원자는 이외에도 산소[O], 질소[N], 인[P] 등이 있어요. 그 이외의 원자가 관여할 때도 있지만 상당히 특수한 경우예요.

반면 무기 화합물에는 주기율표에 있는 모든 원자가 관여해요. 수소는 물론 탄소가 관여한 무기 화합물도 있어요. 모두 알고 있는 이산화 탄소 [CO_2]와 일산화 탄소[CO], 흔히 청산가리라고 불리며 맹독으로 알려진 사이안화 칼륨[KCN] 등은 탄소를 포함하지만 일반적으로 무기 화합물로 취급해요.

또한 다이아몬드와 그래파이트(흑연) 등과 같이 순수하게 탄소만으로 이루어진 분자들이 있어요. 이렇게 한 종류의 원소만으로 이루어진 분자를 홑원소 물질이라고 불러요. 하지만 원자 결합 방식이나 배열이 달라 성질도 다르기 때문에 서로 동소체라고 불러요. 이 탄소 동소체들은 유기물일까요? 아니에요. 무기 화합물로 취급해요. 물론 무기 화합물일지라도 탄소 원자를 포함하는 이상 탄소 왕국의 국민임은 변함없어요!

탄소 왕국 국민은 '결합'을 통해 태어난다

탄소 원자가 유기 화합물을 만들기 위해서는 다른 원자와 결합해야 해요. 결합하는 방법은 몇 가지가 있는데, 무기 화합물은 이 모든 결합 방법을 이용해 결합해요. 반면 탄소가 관여하는 결합은 대부분 공유 결합이에요. 즉, 탄소 왕국의 국민 대부분은 공유 결합을 이용해 태어났어요.

○ 공유 결합

공유 결합은 원자가 손을 잡는다고 생각하면 이해하기 쉬워요. 모든 원자는 공유 결합에 쓰이는 손을 가지고 있어요. 사실 이 손을 정확하게 말하면 전자예요.

손의 개수는 원자마다 달라요. 앞으로 이 책에 많이 등장할 원자들을 예로 들어 살펴볼까요?

수소=1개 / 탄소=4개 / 질소=3개 / 산소=2개

수소 원자 2개가 각자 가진 손 하나씩을 내밀어 서로 꼭 붙들면 수소 분자[H_2]가 만들어져요. 이를 단일 결합이라고 하죠. 한편 손이 2개인 산소는 수소 2개와 동시에 결합할 수 있어요. 그렇게 해서 만들어지는 것이 물 분자[H_2O]예요.

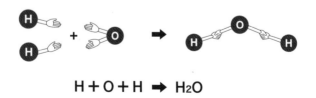

$$H + O + H \rightarrow H_2O$$

탄소를 살펴볼까요? 탄소는 손이 4개니까 손이 1개인 수소 4개와 결합할 수 있어요. 그렇게 결합해 만들어진 분자가 메테인[CH$_4$]입니다. 천연가스의 주성분인 메테인은 가정의 주방까지 전달되고 있죠.

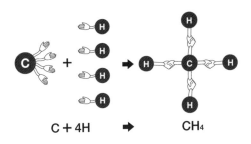

$$C + 4H \quad \rightarrow \quad CH_4$$

⬡ 다 같은 공유 결합이 아니다!

탄소는 4개의 손을 2개씩 이용해 산소 원자 2개와 결합할 수도 있어요. 그것이 바로 이산화 탄소[CO$_2$]예요. 이렇게 원자와 원자가 결합하기 위해 손을 2개나 쓰는 결합을 2중 결합이라고 불러요.

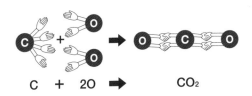

$$C + 2O \quad \rightarrow \quad CO_2$$

그렇다면 일산화 탄소[CO]는 탄소의 두 손이 비어 있다는 뜻이겠죠? 이렇게 빈 손은 다른 화합물과 쉽게 결합할 수가 있어요. 일산화 탄소가 왜 유해하냐고 묻는다면 손이 비어 있기 때문이라고 대답할 수 있겠네요. (일산화 탄소는 헤모글로빈과의 결합력이 산소보다 200배 이상 높다. 따라서 일산화 탄소가 체내로 들어오면 산소 대신 헤모글로빈에 결합하여 결과적으로 체내 산소 공급을 차단한다. - 옮긴이)

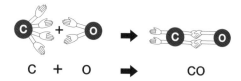

C + O ➡ CO

다음 그림은 에틸렌[$H_2C=CH_2$]의 결합이에요. 탄소 원자 2개가 서로 손을 2개씩 사용해 2중 결합으로 결합했네요. 그리고 각각 2개씩 남은 손도 총 4개의 수소 원자와 결합했고요. 에틸렌은 식물의 숙성 호르몬으로 알려져 있는데, 알고 보니 이렇게 간단한 분자네요. 에틸렌은 바나나의 숙성에 쓰입니다. 바나나는 완숙 상태에서의 수입을 금지하기 때문에, 덜 익은 상태로 수확한 다음 수송하는 도중에 에틸렌 가스를 흡수시켜 완숙 상태로 만들어요.

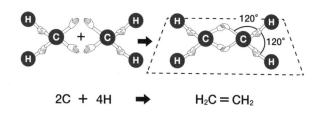

2C + 4H ➡ $H_2C = CH_2$

한편 아세틸렌[$HC{\equiv}CH$]은 2개의 탄소가 3개의 손을 사용해 결합해요. 이런 결합을 3중 결합이라고 부릅니다.

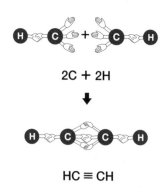

2C + 2H

↓

HC ≡ CH

탄소 원자는 이렇게 단일 결합, 2중 결합, 3중 결합이라는 세 종류의 공유 결합으로 유기 화합물을 만들고 있어요.

🦠 탄소 원자의 손은 모양이 정해져 있다

공유 결합의 가장 큰 특징은 결합 각도가 정해져 있다는 거예요. 앞에서 탄소 원자에는 결합 손이 4개 있다고 했죠? 그런데 이 손들은 사각형의 대각선처럼 2차원 평면으로 뻗어 있지 않아요. 네 개의 손은 3차원 입체 공간에서 뻗어 있고, 그 각도는 서로 109.47°를 이루고 있어요. 이는 네 손을 연결하면 정사면체가 된다는 의미예요. 마치 테트라포드(방파제 블록) 같은 모양이죠! 즉, 탄소 원자의 손은 원자핵을 중심으로 테트라포드의 꼭짓점을 향해 뻗고 있다고 생각하면 돼요.

따라서 탄소 원자가 4개의 수소 원자와 결합한 메테인은 사각형의 납작한 모양이 아니에요. 다음 그림과 같은 정사면체 형태를 갖추고 있죠. 한편 에틸렌[C_2H_4]은 원자 6개가 동일 평면상에 있는 평면형 분자인데, 각 원자 사이의 각도는 약 120°예요(30쪽 그림 참고).

이는 유기 화합물의 큰 특징으로 이어지는데, 그 부분은 앞으로 자세히 살펴보겠습니다.

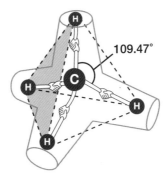

메테인 분자. 탄소[C] 원자에서 뻗은 4개의 '손'이 각각 109.47°를 이루고, 손끝에서 수소[H] 원자와 결합해 정사면체를 이룹니다.

탄소 없이는 못 사는 생명체들

탄소 왕국은 생명체를 만들고 유지하는 데 가장 중요한 역할을 하고 있어요. 26쪽에서 탄소 원자를 포함한 화합물에 왜 유기 화합물이라는 이름이 붙었는지 살펴봤죠? 이전 유기 화합물의 정의는 '생명체가 생산하는 화합물'이었잖아요. 그만큼 생명체와 유기 화합물은 떼려야 뗄 수 없는 관계에 있다는 뜻입니다.

생명체와 유기 화합물의 관계는 여러 측면으로 나누어 생각하면 이해하기 쉬워요.

◎ 생명체를 '만드는' 국민

생명체는 골격을 제외하면 대부분 유기 화합물로 구성됩니다. 무기물인 칼슘[Ca]으로 이루어진 뼈만큼이나 단단한 게딱지도, 장수풍뎅이의 날개도 모두 탄소 화합물이에요.

생명체를 구성하는 유기 화합물의 주요 물질로는 녹말과 단백질이 있어요. 녹말과 단백질은 천연 고분자(간단한 분자가 반복적으로 결합하여 생성되는 거대 분자를 가리키는 말이다. 일반적으로 분자량이 10,000 이상인 분자를 고분자라고 한다. - 옮긴이)입니다. 작고 간단한 구조의 단위 분자가 반복해서 결합한 거대 분자로, 그 구조는 사슬에 비유할 수 있어요. 다시 말해 사슬고리 하나가 단위 분자입니다.

단백질은 동물의 육체를 만드는 중요한 물질이에요. 우리가 먹는 고기에도 당연히 들어 있죠. 하지만 사실 생명체에서는 이런 '구조물' 역할보다 훨씬 더 중요한 역할이 있는데, 바로 효소 역할이에요. 효소는 음식을 소화하고 신체의 대사를 돕는 물질로 잘 알려져 있지만, DNA에 담긴 유전 정보에 따라 생명체를 만드는 중요한 역할도 담당하고 있어요.

◎ 생명체를 '유지하는' 국민

생명체를 만드는 구조물들만 있으면 '생명체 완성'일까요? 그럴 수 없습니다. 생명을 유지해야 하죠.

물론 생명을 유지하기 위해서는 비타민과 호르몬이라는 미량 물질도 중요합니다. 하지만 근본적으로 더 중요한 게 있어요. 그것은 생명을 유지하고 생명체를 활동하게 하는 에너지예요. 이 에너지는 어디에서 왔고, 우리는 그 에너지를 어떻게 이용하고 있을까요?

지구는 태양으로부터 태양 에너지를 받습니다. 이 에너지의 근원은 태양에서 일어나는 핵융합이에요. 식물은 이 태양 에너지를 받아서 이산화 탄소[CO_2]와 물[H_2O]을 재료로 녹말 등의 탄수화물[$Cn(H_2O)m$]과 산소[O_2]를 만들죠. 이렇게 식물이 만든 탄수화물과 산소는 동물이 먹고 들이마셔요. 이것들을 재료로 몸속에서 화학 반응을 일으켜 에너지를 생산합니다. 이렇게 동물도 생명을 유지할 수 있어요.

탄소 왕국은 태양의 끓어오르는 에너지를 받아서, 우수한 자양분으로 만들어 생명체에 베풀고 있습니다.

녹말은 식물이 이산화 탄소와 물을 원료로 태양 빛을 에너지원으로 삼아 광합성으로 합성한 물질이에요. 말하자면 '태양 에너지의 통조림'과 같다고 할 수 있겠네요. 녹말은 식물의 생명체를 구성하는 물질이지만 동물에게는 중요한 식량이자 에너지원이에요.

◎ 왕의 형제, 탄소의 방사성 동위원소 ^{14}C

탄소에는 세 종류의 동위원소 ^{12}C, ^{13}C, ^{14}C가 있어요. 이 중 ^{14}C는 방사성 동위원소입니다. 방사성 동위원소는 불안정한 원자로, 원자핵의 일부를 방사선 형태로 방출해 안정된 다른 원자로 바뀌죠.

원자의 기본 구조와 동위원소

원자는 원자핵과 전자(전자 구름)로 이루어져 있습니다. 전자 1개는 −1의 전하를 띱니다. 원자핵은 양성자(p로 표기)와 중성자(n으로 표기)로 이루어져 있습니다. 양성자는 +1의 전하를 띠지만 중성자는 전하를 띠지 않습니다. 양성자 수를 원자 번호(Z로 표기)라고 하고, 양성자 수와 중성자 수의 합을 질량수(A로 표기)라고 합니다. 질량수는 원소 번호의 왼쪽 위에 적습니다(예: ^{14}C). 원자는 양성자 수와 동일한 전자 수를 갖기 때문에 전기적으로 중성입니다.

기본적으로 원자의 화학적 성질은 양성자 수(원자 번호)에 따라 결정됩니다. 원자 번호가 동일한 원자 집단을 원소라고 합니다. 따라서 수소(Z=1), 탄소(Z=6), 질소(Z=7), 산소(Z=8) 등은 각각 다른 원소라고 할 수 있습니다.

그런데 원자 번호는 같지만 질량수는 다른 원소가 있습니다. 이를 동위원소라고 합니다. 동위원소는 화학적 성질은 같지만 원자핵의 반응성은 전혀 다릅니다.

탄소(양성자 수 6개)에는 중성자 수가 6개, 7개, 8개인 것이 있으며, 각각의 질량수는 12, 13, 14이므로 ^{12}C, ^{13}C, ^{14}C로 표기합니다. 동위원소의 원자핵 반응성은 다르기 때문에 당연히 원자핵 반응의 반감기도 다릅니다. (^{12}C와 ^{13}C은 안정된 원자고, ^{14}C가 불안정하기에 일정한 속도로 방사성 붕괴를 일으켜 ^{14}N이 된다. – 옮긴이)

^{14}C의 중성자가 양성자와 전자로 붕괴되어 양성자는 원자핵에 머무르고 전자는 방사선으로 방출돼요. 이처럼 원자핵이 붕괴되며 나오는 방사선에는 종류가 몇 가지 있는데, α선(알파선), β선(베타선), γ선(감마선) 등이 잘 알려져 있어요. 우선 α선은 쉽게 말해 고속으로 날아다니는 헬륨[^{4}He] 원자핵이에요. 중성자와 양성자 둘 다 너무 많아 불안정한 방사성 동위원소에서 양성자 2개와 중성자 2개를 합한 헬륨 원자핵 하나를 방출하는데 이를 α선이라 하죠. 한편 γ선은 X선과 같은 고에너지의 전자기파예요. ^{14}C의 중성자가 붕괴되면서 방출하는 전자는 β선이라고 불러요.

β선은 방사선이므로 인체에 매우 위험합니다. 그런데 탄소에는 적은 양이지만 반드시 ^{14}C가 일정한 비율로 함유돼 있어요. 그리고 이 탄소가 우리의 몸을 구성하고 있고요. 즉, 우리 몸 내부는 항상 β선을 쬐고 있는 셈이에요.

이를 위험하다고 여길지, 아니면 아무렇지 않게 넘길지는 각자의 생각에 달렸겠지요. 이에 관해 '호르메시스'라는 개념이 있습니다. 대량의 방사선을 쬐면 위험하지만 소량의 방사선을 장기간에 걸쳐 쬐면 인체에 유익하다는 개념이에요. 이 때문에 방사성 온천의 인기가 높은 것일까요?

◯ 탄소를 사용해 연대를 측정할 수 있다?

^{14}C는 역사나 과학에서도 중요해요. ^{14}C는 역사적 자료의 연대 측정에 사용되고 있습니다. 목조품이나 직물은 언제 만들어졌을까요? 고대 식물의 나이는 몇 살일까요? 이를 측정하는 것을 연대 측정이라고 합니다. 측정하고 싶은 물질에 탄소 원자가 포함되어 있으면 탄소 연대 측정법을 사용합니다.

^{14}C는 전자(β선)를 방출한다고 했죠? 그러면 ^{14}C의 중성자가 양성자가 되고 양성자가 늘었으므로 원자 번호가 하나 올라가요. 즉, ^{14}C에서 ^{14}N인 질소 원자가 되죠.

모든 반응에는 고유의 속도가 있어요. 폭발처럼 순식간에 끝나는 빠른 반응도 있지만, 칼이 녹스는 것처럼 느린 반응도 있어요. 이를 반응 속도라고 해요. 반응 속도를 잴 때는 반감기(半減期), 그러니까 반으로 줄어드는 주기를 측정하는 게 편리해요.

다음 그래프를 보세요. 반응물 A에서 생성물 B로 변하는 반응에서, 시간이 지나면 반응물 A가 줄어듭니다. 그리고 어느 정도의 시간이 지나면 A의 양(농도)은 절반으로 줄어듭니다. 이 반응물의 양이 절반이 되는 데 걸린 시간을 반감기라고 해요. 반감기가 길수록 반응이 느리다는 뜻이에요. 반감기가 2번 지나면 양은 $\frac{1}{2}$의 $\frac{1}{2}$, 즉 $\frac{1}{4}$이 됩니다.

반감기 그래프

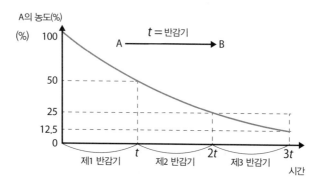

반응물 A의 양은 제1 반감기에서 절반이 되고, 제2 반감기에서 또 그 절반이 됩니다.

반응 $^{14}C \rightarrow {}^{14}N$의 반감기는 5,730년입니다. 살아 있는 나무 한 그루를 생각해 보자고요. 이 나무는 공기 중에 있는 이산화 탄소를 흡수하고 광합성해서 탄소를 탄수화물 등으로 만들어 저장해요. 따라서 이 나무의 ^{14}C 농도는 공기 중의 ^{14}C 농도와 같겠죠? 그런데 나무를 베어내면 광합성은 멈춰 버려요. 외부에서는 ^{14}C가 공급되지 않는 한편 나무 내부에서는 C가 감소하기 시작합니다.

만약 ^{14}C 농도가 나무를 베어냈을 때의 절반으로 감소했다면 그 나무는 베어낸 지 5,730년이 지났다고 계산할 수 있어요. 4분의 1로 감소했다면 5,730×2=11,460(년)이 지났네요.

이 계산이 성립하려면 '공기 중의 ^{14}C 양은 일정하다'라는 조건이 필요한데, 과학자들은 연구 끝에 ^{14}C는 지구 내부의 핵반응이나 우주선(우주에서 끊임없이 지구로 내려오는 매우 높은 에너지의 입자선을 통틀어 이르는 말. – 옮긴이) 등에 의해 끊임없이 생성되므로 이 조건이 성립한다는 걸 밝혀냈어요.

핵반응이라고 하면 다른 세상의 이야기처럼 들리나요? 실제로는 우리 몸 안에서 진행되고 있다는 사실!

◯ 유전 정보를 전달하는 DNA와 RNA

유전이라고 하면 DNA와 RNA라는 단어가 떠오르죠? 자세한 내용은 뒤에서 살펴볼 것입니다. 여기에서는 유전의 발현에 대해 이야기할게요.

DNA가 모세포에서 딸세포로 전달하는 정보는 '키는 170cm, 머리카락 색은 연갈색' 같은 게 아닙니다. DNA가 전달하는 것은 단백질 설계도예요. 딸세포는 그 설계도를 따라 단백질을 만들죠. 단백질의 종류는 수만 가지나 되는데 대부분 효소로 작용해요.

이 효소가 유전 형질을 발현합니다. 비유하자면 효소는 건축에서 목수 집단과 같아요. 이 집단의 기량과 감각에 따라 생명체의 완성도가 달라져요.

대기 중의 ^{14}C와 같은 농도 ^{14}C가 계속 감소

살아 있는 나무에 있는 ^{14}C의 농도는 공기 중에 있는 ^{14}C의 농도와 같지만, 잘린 나무는 ^{14}C의 농도가 점점 줄어듭니다. 이 차이를 비교해 연대를 측정합니다.

나날이 커지고 발전하는 탄소 왕국

탄소 왕국에서는 계속해서 새로운 국민이 탄생해 참신한 능력을 발휘해요. 탄소 왕국은 끊임없이 혁신을 일으키며 그 세력권을 확대해 나가고 있어요.

◎ 탄소는 에너지를 지배한다

인류는 에너지를 획득하고 사용하여 문명을 발전시켜 왔어요. 탄소는 에너지의 보고예요. 에너지를 바탕으로 성립한 현대문명은 에너지를 지배하는 탄소 왕국에 지배받고 있다고 해도 과언이 아니에요.

앞서 원자핵이 만드는 에너지를 살펴봤죠. 핵에너지는 원자핵이 융합하고 분열하는 과정에서 발생하는 에너지였어요. 반면 탄소 에너지는 탄소가 산소와 반응(연소)하면서 발생하는 반응 에너지(연소열)입니다. 탄소가 연소하며 만드는 반응 에너지는 열뿐만이 아니에요. 빛도 만들어내죠. 인류는 양초나 램프 등으로 어둠을 밝힘으로써 공부하고 연구하는 시간을 늘렸어요. 탄소 왕국은 오랫동안 문명의 발전을 보이지 않는 곳에서 지탱해 왔죠.

핵에너지는 고에너지 상태의 원자핵이 저에너지 상태로 변화하면서 그 사이의 에너지 차이 ΔE를 발생시킨 것이에요. 탄소 연소도 마찬가지지만, 이 경우는 탄소 원자 자체의 에너지 상태가 변화하는 것은 아니에요. 탄소[C]와 산소 분자[O_2] 두 물질이 이산화 탄소[CO_2]라는 새로운 물질로 변화하면서 생긴 것이죠. 다음 39쪽 그래프에서 자세히 알 수 있어요.

탄소와 산소 분자가 따로 있는 상태에서의 에너지 양은 둘이 각각 가진 에너지의 합이겠죠. 그런데 이산화 탄소가 가진 고유의 에너지를 보면, 탄소와 산소 분자의 에너지의 합보다 작습니다. 따라서 탄소와 산소 분자가 만나 이산화 탄소가 되는 변화가 일어나면[$C+O_2 \rightarrow CO_2$] 탄소와 산소 분자가 가진 에너지와 이산화 탄소가 가진 에너지의 차이인 ΔE가 방출돼요.

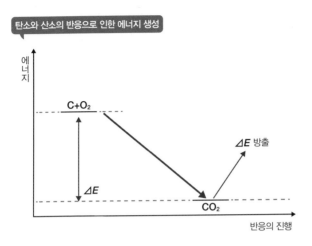

탄소와 산소의 반응으로 인한 에너지 생성

CO_2가 갖는 에너지보다 C와 O_2가 각각 갖는 에너지의 합이 큽니다. 이 차이가 ΔE로 방출됩니다.

문명의 초기에는 탄소 에너지원이 목재와 장작뿐이었어요. 그러다 산업 혁명 시기에 화석 연료인 석탄으로 대체되었고, 이후 석유와 천연가스로 변화했죠. 최근 화석 연료가 고갈될 미래가 확실해지자, 셰일가스·셰일오일·메테인 하이드레이트 등 새로운 탄소 연료 개발이 추진되고 있어요. 탄소 연료에 대해서는 7장에서 더 자세히 다룰 거예요.

◯ 금속을 대체하는 탄소

이전 사람들은 금속 하면 '단단함, 불연성, 전기가 잘 통함, 자석에 잘 붙음' 등의 이미지를 떠올렸어요. 반면 유기 화합물 하면 '유연함, 가연성, 전기가 통하지 않음, 자석에 붙지 않음' 같은 이미지를 떠올렸고요. 하지만 지금 저런 이미지는 낡은 것들이에요.

먼저 가연성 금속도 있어요. 산소를 가득 채운 환경에서 철을 가늘게 만들어 뭉친 강철솜에 불을 붙이면 격렬하게 타올라요. 한편 마그네슘[Mg]에 물을 뿌리면 아주 격렬하게 반응하며 불타요. 게다가 그 과정에서 수소 가스[H_2]를 발생시키는데 이 역시 가연성 기체라 여기에도 불이 붙어 그야말로 걷잡을 수 없어져요. 그렇기 때문에 마그네슘 때문에 화재가 나면 소방관이 물을 뿌려 진화할 수 없고 그저 마그네슘이 다 타 버릴 때까지 기다리는 수밖에 없어요. 소방관이 할 수 있는 일은 주변으로 불길이 번지지 않도록 막는 것뿐이라고 해요.

그리고 단단한 유기 화합물도 있어요. 칼이나 가위로도 잘리지 않아요. 심지어 방탄조끼에 사용되는 물질까지 있어요. 이런 유기물은 가열해도 타지 않고 말랑해지지도 않기 때문에 자동차 엔진을 보호하는 부품의 재료로도 사용되고 있답니다.

2000년 시라카와 히데키 박사는 전도성 유기물, 다시 말해 전기가 통하는 유기 화합물을 개발한 공로로 노벨 화학상을 수상했어요. 이후 전도성 유기물은 ATM 등의 터치패널에서 많이 활용되고 있어요. 거기서 그치지 않고 전기 저항 없이 전류가 흐르는 초전도성을 가진 유기물인 '유기 초전도체'까지 개발되고 있다고 해요. 최근에는 자석에 달라붙는 유기물 자성체도 개발 중이라고 합니다.

전도체뿐만 아니라 반도체성을 가진 유기물인 유기 반도체도 개발되어 실용화하는 중이에요. 가볍고 유연할 뿐만 아니라 색깔까지 다채로운 유기 화합물의 특징을 살려 모조 관엽식물 형태의 태양전지 등에 이용하고 있죠.

LED는 반도체의 독무대였으나 유기 발광 다이오드가 반도체 LED의 세력 범위를 위협하고 있어요. 이미 대한민국은 스마트폰 화면을 유기 발광 다이오드로 만들고 있고, 일본은 뒤늦게 유기 발광 다이오드를 사용해 만든 텔레비전을 판매하기 시작했어요.

금속은 구조를 만드는 구조재로서 고유의 세력 범위가 있어요. 하지만 이러한 '단단하고 튼튼한' 범위가 아닌 좀 더 세련되고 스마트한 활용 범위에서는 앞으로 유기 화합물이 금속을 대체해 나가지 않을까요?

탄소 왕국은 앞으로도 종횡무진 활약하며 나날이 발전할 것입니다.

carbon

제2장

이상하고 아름다운
탄소 왕국

탄소 왕국의 국민들은 다양합니다. 다이아몬드와 같은 '아름다운 국민', 바다표범 손발증의 원인이 되는 탈리도마이드와 같은 '무서운 국민', 비타민 B_{12}와 같은 '복잡한 구조의 국민' 등이 있습니다. 이 장에서는 왕국의 국민들을 살펴보겠습니다.

탄소의 아름다움을 살펴보자

과학의 일환인 화학에서 '아름답다'라는 말이 나오니까 신기하다고 생각하는 독자가 있을 수 있어요. 그러나 과학에는 아름답다는 표현이 어울리는 이론과 현상이 아주 많아요.

사실 '아름답다'라는 말의 의미도 다양해요. 꽃과 보석은 그냥 딱 봐도 아름다워요. 하지만 구(球)나 피라미드가 가진 기하학적인 아름다움도 있고, 합리적으로 전개되는 이론도 아름답다는 말이 어울립니다. 이 장에서는 탄소 왕국의 국민들이 얼마나 아름다운지 보여줄게요.

🔵 탄소만으로 이루어진 보석의 왕

탄소 왕국에는 탄소만으로 이루어진 분자와, 탄소 이외의 원자를 포함한 분자가 있습니다. 이 중에서 탄소만으로 이루어진 분자를 탄소의 홑원소 물질이라고 합니다. 그런데 놀랍게도 홑원소 물질은 하나가 아니라 여러 종류가 있어요. 다이아몬드도 그 중 하나예요.

다이아몬드는 보석의 왕으로 그 아름다움은 설명할 필요도 없죠. 그러나 다이아몬드의 아름다움은 그저 눈으로 보이는 게 다가 아니에요. 분자 구조 또한 정연하고 아름다움이 넘칩니다. 다이아몬드의 구조를 한번 볼까요?

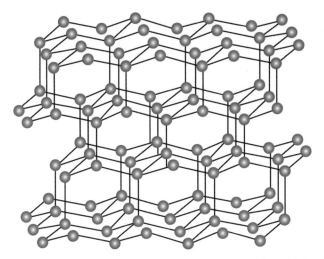

다이아몬드는 순수한 탄소만으로 이루어져 있고, 탄소 이외의 원자는 포함하지 않습니다. 그림에서 탄소 1개만 집중해서 보면, 이 탄소를 중심으로 테트라포드의 꼭짓점 방향으로 탄소 4개가 결합하고 있습니다. 이 단위 구조가 무수히 이어져 하나의 다이아몬드 결정을 이루는 것입니다. 다이아몬드는 결정 1개가 분자 1개로, 비슷한 예를 찾기 힘들 정도로 큰 거대분자입니다.

다이아몬드는 굴절률이 높고 단단하다고 알려져 있어요. 그런데 다이아몬드의 굴절률은 2.42로 확실히 높지만 '가장' 높지는 않습니다. 탄화 규소[SiC]로 이루어진 보석인 모이사나이트의 굴절률은 2.6~2.7입니다. 이산화타이타늄[TiO_2]으로 이루어진 보석인 금홍석은 2.6~2.9나 됩니다.

한편 다이아몬드의 경도는 모스 경도의 최대치인 10입니다(독일의 광물학자 프리드리히 모스는 경도의 기준이 되는 열 가지 광물을 선정해 그 경도를 1에서 10으로 놓았으며 이를 모스 경도라 한다. 이때 사용된 열 가지 광물 중 10에 해당하는, 다시 말해 가장 단단한 것이 다이아몬드다. ─옮긴이). 하지만 더 단단한 물질도 존재해요. 현재 가장 단단하다고 알려진 광물은 론스달라이트라는 광물로, 다이아몬드처럼 탄소로만 이루어진 홑원소 물질입니다. 론스달라이트의 분자 구조는 다이아몬드와 달라요. 이처럼 하나의 같은 원소로 이루어졌지만 그 성질이 다른 물질을 동소체라고 불러요.

론스달라이트는 매우 희귀한 광물인데다 경도를 측정할 만큼 큰 것이 발견되지 않아 경도도 정확하게 알려지지 않았어요. 하지만 시뮬레이션을 돌려본 결과, 다이아몬드보다 58% 정도 더 단단하다고 하네요.

🔵 세계에서 가장 큰 다이아몬드

보석의 무게를 재는 단위는 캐럿입니다(1캐럿은 0.2g입니다). 시내의 보석 가게에서는 보통 몇 캐럿 정도의 다이아몬드를 다루겠지요. 하지만 엄청나게 큰 다이아몬드도 존재했어요. 역사상 최대 크기의 다이아몬드는 1905년 남아프리카의 광산에서 발견된 컬리넌 원석으로 무려 3,106캐럿, 그러니까 620g 정도였다고 해요. 다이아몬드의 비중은 3.5니까 부피는 180mL 정도, 작은 우유 팩 크기라고 생각하면 되겠네요.

그런데 이 컬리넌 원석의 형태가 매우 특이했다고 해요. 다이아몬드는 수정과 같은 단결정(덩어리 전체의 원자가 규칙적으로 배열되어 하나의 결정을 이룬 것. - 옮긴이)으로, 완전한 결정은 피라미드 2개를 붙인 듯한 정팔면체 형태입니다. 그런데 컬리넌 원석은 모서리가 잘린 유리 덩어리 같은 형태였어요. 이는 컬리넌 원석이 깨졌다는 것을 의미했죠. 그러니 컬리넌 원석이 발견된 주위에 부서진 조각이 굴러다니고 있을 가능성이 있었어요. 사람들은 주변을 샅샅이 뒤졌지만 결국 부서진 조각 같은 걸 발견하지는 못했다고 하네요.

컬리넌 원석은 크기가 클 뿐만 아니라 거의 완전한 무색투명으로 품질이 좋았다고 해요. 컬리넌 원석은 당시 영국 국왕에게 헌정되었고 보석으로 연마되었죠.

영국 국왕은 영국 전역의 연마사들에게 세공을 의뢰했지만 모두 실패가 두려워 거절했어요. 최종적으로 이 원석을 맡은 사람은 네덜란드의 연마사 아셔였습니다.

당시 다이아몬드를 조각내려면 다이아몬드에 살짝 홈을 판 후 칼을 대고 쇠망치로 내려쳐야 했습니다(당시 아셔의 회사에서는 컬리넌을 어떻게 연마할까 고민했지만 컬리넌 원석이 너무 크기에 결국 조각내는 것밖에 답이 없다고 판

단했다. – 옮긴이). 칼의 위치를 잘 잡으면 다이아몬드는 쩍 하고 잘 분리되 겠지만, 위치를 잘못 잡으면 산산조각이 나 버리겠죠.

그는 비지땀을 흘리면서 컬리넌 이곳저곳을 살피며 어디를 쪼개야 할지 위치를 검토했어요. 마침내 결심하고, 위치를 잡아 쇠망치를 내려친 순간 극심한 긴장감에 바로 기절했습니다.

기절했다 깨어난 그가 들은 목소리는 "성공했다!"라는 말이었어요. 그 목소리에 또다시 기절했다는 말도 있지만 이 이야기가 거짓이라는 설도 있어요. 여하튼 그는 공적을 인정받아 '로열'이라는 칭호를 받았고, 이후 보석 가게에 '로열 아셔(ROYAL ASSCHER)'라는 이름을 붙였어요.

각각의 조각을 연마한 결과를 알려 줄게요. 가장 큰 다이아몬드는 530캐 럿 정도로 영국 왕의 왕홀(지휘봉 같은 것으로 왕의 상징)의 머리 부분에 장 식했습니다. 두 번째로 큰 다이아몬드는 320캐럿 정도로 영국 왕의 왕관에 장식되어 있습니다. 영국 왕의 대관식에서는 국왕이 왕관을 쓰고 왕홀을 쥐 고 있으니, 기회가 있다면 꼭 구경하세요.

◎ 다이아몬드는 왜 가치 있을까?

다이아몬드는 '보석의 왕'이라 불리며, 그 가격 역시 모든 물질 중 최상급 이에요. 그런데 다이아몬드는 왜 비쌀까요? 다이아몬드가 반짝반짝 빛나긴 하지만 유리와 마찬가지로 무색이잖아요. 초록빛 에메랄드나 붉은빛 루비 처럼 아름다운 색을 가지고 있지도 않은데요.

한 가지 대답은 '마케팅 전략의 성공'이라는 거예요. 다이아몬드는 드비 어스 사(社)를 빼놓고 이야기할 수 없어요. 드비어스 사는 1888년 남아프리 카공화국에서 설립되었으며, 수많은 다이아몬드 광산을 사재기해 다이아몬 드의 국제 시장을 지배할 정도로 성장했어요.

이 회사는 마케팅에 엄청난 능력을 발휘했어요. 단순히 다이아몬드의 아 름다움만을 강조하지 않았어요. 다이아몬드의 무색투명함을 순결의 상징으 로, 단단함을 영원의 상징으로 표현했거든요. 이 두 의미를 합치면 '영원한 사랑'으로 연결돼요. 전 세계에서 팔리는 약혼반지의 대부분은 다이아몬드일 거예요.

그렇다고 '수요가 많아서 가격이 오른다'라고 생각해서는 안 돼요. 현재 다이아몬드는 공급 과잉이거든요. 그런데도 다이아몬드의 가격이 내려가지 않는 이유는 드비어스 사가 적극적으로 매입하고 있기 때문이에요. 드비어스 사가 다이아몬드 원석 생산자에게 지급한 돈의 상당 부분은 전쟁에 사용되고 있다고 합니다.

하지만 드비어스 사의 힘에도 그림자가 드리우기 시작해 다이아몬드의 가격이 무너지는 것은 시간문제라는 의견도 있어요. 앞으로 다이아몬드를 사려면 신중하게 고민할 필요가 있겠네요.

◎ 다이아몬드는 사실 흔해 빠진 보석?

다이아몬드가 공급 과잉이라고 언급했는데, 그렇다면 얼마나 생산되길래 이런 말을 했을까요? 현재 다이아몬드를 가장 많이 생산하는 나라는 러시아와 보츠와나예요. 양국은 전 세계 생산량의 약 25%씩을 차지하고 있어요. 다시 말해 두 나라가 전 세계 생산량의 절반을 도맡은 셈이네요.

2011년 전 세계 천연 다이아몬드 생산량은 1억 3,500만 캐럿, 그러니까 27톤이었어요. 정말 놀랄 만한 양이죠? 러시아의 시베리아에서는 태고에 떨어진 운석의 흔적이 있는데, 그곳이 바로 품질이 가장 우수한 다이아몬드 광산입니다. 우수한 품질의 다이아몬드가 생산되고, 그 추정 매장량은 무려 수조(兆) 캐럿이라고 해요! 그렇다면 다이아몬드의 실제 희소가치는 유리 수준(?)이 아닐까요?

게다가 천왕성이나 해왕성 등 일부 행성의 내부에는 대량의 탄화수소가 존재하는데, 그 일부는 압력과 열 때문에 변화가 일어나 다이아몬드가 된다고 해요. 그 추정 매장량은 무려 수조 톤이라고 하네요.

사람이 만든 다이아몬드

다이아몬드는 인공적으로 만들 수 있어요. 다이아몬드는 '땅속에 있는 탄소가 지구 내부의 압력과 고온에 의해 결합하면서 만들어진 물질'입니다. 그럼 이 조건들을 갖춘다면 다이아몬드를 합성할 수 있어요.

🌀 어느 조수의 하얀 거짓말

1796년, 다이아몬드가 탄소의 홑원소 물질이라는 사실이 밝혀졌어요. 이 사실이 알려지자 많은 과학자들이 탄소를 원료로 다이아몬드를 합성하는 연구에 뛰어들었죠. 하지만 오랫동안 성공 사례는 나오지 않았어요. 이러한 상황 속에서 최초로 성공을 발표한 사람이 앙리 무아상 교수였어요. 1890년대 플루오린[F]과 전기로(무아상 교수의 전기로는 아크 방전, 즉 양과 음의 단자에 고압 전위차를 가하여 전기 불꽃을 만들어 높은 온도를 내는 전기로다. – 옮긴이) 연구로 저명한 사람이었죠.

그가 실험한 방법은 다음과 같아요. 철로 만든 용기에 탄소를 봉입하여 화로에 넣고, 매우 높은 열을 가한 뒤 물속에 담그는 것이었어요. 철이 폭발할 수 있는 위험한 실험이었죠. 이 방법은 무아상 교수 이전에도 많은 과학자들이 실패한 방법과 같았지만, 무아상 교수는 무언가 다른 특별한 방법을 고안했을지도 몰라요.

하지만 무아상 교수는 자신이 직접 실험하지 않고, 실험은 모두 조수에게 맡겼습니다. 조수는 수차례의 실패를 거듭하다가, 드디어 어느 날 다이아몬드 합성에 '성공'했다며 그 다이아몬드를 무아상에게 보여줬어요. 기쁨에 찬 무아상 교수는 곧바로 보고서를 작성해 발표했어요.

그러나 안타깝게도 이 다이아몬드는 합성품이 아닌 천연 다이아몬드로 밝혀졌답니다. 실험은 실패했고, 보고서 또한 잘못된 것이었어요.

추측하건대 이 조수는 매일 탄소에 높은 열을 가한 뒤 물에 담그고, 그렇게 나온 결과물을 쪼개서 확대경으로 관찰하며 다이아몬드를 찾았을 겁니다. 반복되는 실패에 지쳐 교수에게 말해 보지만 실험은 멈출 수가 없었겠지요. 싫증이 난 조수는 '어떻게 하면 이 상황에서 벗어날 수 있을까' 하고 궁리했을 겁니다. 답은 하나뿐이었죠. 실험을 성공시키면 됩니다. 조수는 있는 돈 없는 돈 탈탈 털어서 다이아몬드를 샀을 거예요. 그리고 이를 잘게 부순 다음, 실험에 성공했다며 무아상 교수에게 보여주지 않았을까요?

이런 일이 있었지만 무아상이 세계 과학계에 공헌한 과학자임은 틀림없어요. 1906년, 무아상 교수는 순수한 플루오린 분리와 전기로 연구에 대한 공을 인정받아 노벨 화학상을 수상했습니다.

◎ 죽은 사람이 다이아몬드로 돌아온다면?

이처럼 많은 사람들이 시행착오를 겪으며 다이아몬드 합성에 도전하다가, 마침내 미국 제너럴 일렉트릭의 연구팀이 최초로 합성에 성공했습니다. 1954년의 일이었죠. 그들은 고온·고압의 상태에서 합성을 시도했는데 온도 $2,000\,^\circ\mathrm{C}$, 10만 기압의 조건에서 성공할 수 있었어요. 이를 고온·고압법(HPHT: High Pressure, High Temperature)이라 합니다.

이렇게 합성된 다이아몬드의 지름은 0.15mm에 불과했어요. 확대경으로 보지 않으면 볼 수 없는 크기였죠. 게다가 불투명했고요. 아무튼 '보석'이라고 할 만한 물건은 아니었답니다.

사실 스웨덴팀이 제너럴 일렉트릭보다 앞선 1953년에 성공했지만 합성된 다이아몬드가 너무 보잘것없어 발표하지 않았고, 1980년대에 이르러서야 발표할 수 있었다고 해요.

이후 다이아몬드 합성 기술은 발전하여 현재 방대한 양이 생산되고 있어요. 전 세계에서 생산되는 인조 다이아몬드의 90~95%를 중국에서 생산하고 있으며 그 양은 2015년에 150억 캐럿, 30톤에 달했다고 합니다. 천연 다이아몬드의 산출량과 맞먹는 양이죠.

대부분의 인조 다이아몬드는 공업용으로 사용되지만, 그중에는 보석 수준의 품질을 가진 인조 다이아몬드도 있어요. 이것들이 시장에서 드비어스 사를 괴롭히는 장본인이에요. 또한 고인이나 반려동물을 화장하고 남은 재, 죽은 사람의 머리카락에서 탄소를 추출해 다이아몬드로 만드는 사업도 진행되고 있어요. '고인의 인품에 따라 만들어진 다이아몬드의 색상이 달라진다'라고 한다면 큰일이 나겠네요.

🜄 더 아름다운 다이아몬드를 만드는 방법

현재 다이아몬드를 합성하는 방법이 몇 가지 개발되어 있는데, 그중에서 고온·고압법과 함께 자주 사용되는 화학 기상 증착법(CVD: Chaemical Vapor Deposition)이 있어요.

이 방법은 1950년대에 개발되었지만, 다이아몬드 합성에 적극적으로 사용된 시기는 1980년대 후반부터예요. 이 방법은 고온·고압법과 정반대 방향의 반응을 유도해요. 고진공(진공의 정도가 높은 상태를 가리킨다. - 옮긴이)의 용기에 '씨앗'이 되는 다이아몬드를 넣고 1,000°C 정도의 온도에서 가열한 뒤 수소 가스[H_2]와 메테인 가스[CH_4]를 주입합니다.

높은 열과 진공에 가까운 상태에서 수소 분자가 분해되어 수소 원자가 되고, 이 수소 원자가 메테인 분자에서 수소 원자를 떼어내 반응성이 높은 다양한 탄화수소 분자들을 생성합니다. 이것이 '씨앗'이 되는 다이아몬드의 결정 표면에 닿으면, 탄소만 다이아몬드에 달라붙고 수소는 떨어져 나가요. 이 반응이 끊임없이 반복되면서 다이아몬드의 결정이 성장한다고 하니 정말 놀랍죠? 이 방법은 투명도가 높아 보석용 다이아몬드를 만드는 데 매우 적합해서 주목받고 있어요.

겉은 시꺼멓고 속은 아름다운 물질

다이아몬드는 겉모습과 분자 구조 모두 아름다워요. 한편 겉모습은 새까맣지만 분자 구조의 아름다움을 뽐내는 물질이 있어요. 바로 풀러렌[C_{60}]입니다. 풀러렌을 발견한 공로로 해럴드 크로토, 리처드 스몰리, 로버트 컬은 1996년 노벨 화학상을 수상했어요.

◎ 진주같이 둥근 풀러렌

'C_{60}'은 60개의 탄소 원자로 이루어져 있다는 뜻이에요. 풀러렌이라는 이름은 미국의 건축가 벅민스터 풀러의 이름에서 따왔는데, 이 분자의 형태 때문이에요. 풀러렌은 다음 그림과 같이 거의 완전한 구형이에요.

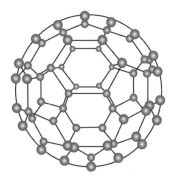

풀러가 이런 구형의 돔(지오데식 돔)을 설계했고, 3명의 화학자는 그의 이름을 따서 분자의 이름을 풀러렌이라 지었습니다.

제1부 영광의 탄소 왕국

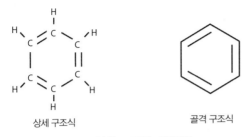

|상세 구조식|골격 구조식|

벤젠[C_6H_6]의 구조식을 함께 봅시다. 참으로 깔끔하고 아름답네요.

탄소를 포함하는 분자들 중에서는 기하학적인 대칭성을 가진 아름다운 구조를 가진 분자들이 많아요. 앞서 나온 메테인[CH_4]의 테트라포드 구조도 참 아름답죠. 또한 이 그림처럼, 단일 결합과 2중 결합이 번갈아 맞물려서 육각형이 된 벤젠[C_6H_6]도 참 아름답다는 생각이 들지 않나요?

풀러렌은 육각형의 벤젠 고리 구조와 오각형 구조가 연결되어 마치 축구공처럼 구를 이루고 있어요. 분자 중에서 가장 완전하면서도 아름다운 구조라고 해도 되지 않을까요?

◯ 아름다운 풀러렌, 능력까지 뛰어나다고?

발견 당시 풀러렌은 희소하고 귀중한 취급을 받았어요. 당시 금이 1g에 1,500엔 정도였는데 풀러렌은 1g에 1만 엔이나 했으니까요. 글자 그대로 금보다 비싼 물질이었죠. 그러나 이후 아크 방전을 이용해 간편하게 합성할 수 있는 기술이 개발되었고, 현재는 대량 생산이 되어 가격도 적당한 편이라고 해요.

가격 장벽이 낮아져서 응용 분야도 점점 넓어지고 있어요. 미용 분야에서는 화장품이 있는데, 풀러렌은 항산화 작용을 하기 때문에 이 성질을 이용해 피부가 거칠어지는 것을 막을 수도 있다고 해요. 또 공 모양의 분자 구조에서 연상할 수도 있겠지만, 윤활 작용이 있어 윤활유에 섞을 수도 있고요.

과학적인 용도로는 풀러렌의 반도체성이 주목받고 있습니다. 특히 태양전지와 유기 발광 다이오드를 만드는 데 활발히 활용되고 있어요.

◎ 절대 끊어지지 않아! 탄소 나노 튜브

최근 풀러렌의 유사 물질이 주목받고 있어요. 그중 하나가 바로 탄소 나노 튜브예요. 풀러렌을 잡아 늘인 듯한 원통형 분자로, 대부분 양 끝이 닫혀 있어요. 원통이 한 겹인 것부터 여러 겹이 층층이 쌓인 것까지 다양하답니다.

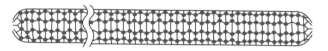

탄소 나노 튜브에 약물을 담음으로써 약물을 병이 있는 부위에 정확하게 전달하는 약물 전달 시스템
(DDS: Drug Delivery System)에 이용하려고 시도하는 중입니다.

탄소 나노 튜브는 인장 강도가 매우 높아 고강도 섬유로 이용할 수 있는지 여부도 검토되고 있어요. 미래에 인공위성과 지상을 연결하는 엘리베이터인 우주 엘리베이터를 만드는 데 꼭 필요한 케이블의 소재로 탄소 나노 튜브가 꼽히고 있기도 하고요. 이뿐만이 아니라 우주에 설치한 거대 태양전지의 전력 수송 케이블에 사용하려는 시도도 활발해요. 풀러렌과 마찬가지로 반도체성이 있기 때문에 다양한 전자 부품 소재로도 이용할 수 있어요.

◎ 스카치테이프로 첨단 과학 실험을 하다

탄소 나노 튜브를 잘라서 펼치면 육각형이 쭉 연결된 철망 모양의 평면 분자가 생겨요. 이를 '그래핀'이라고 불러요. 그래핀은 그래파이트(흑연)의 층상 구조에서 한 층을 떼어낸 구조예요.

연구 초기 단계에는 그래핀을 구하기가 힘들어 연구를 제대로 진행할 수 없었다고 합니다. 그러던 2004년, 어떤 연구자가 '콜럼버스의 달걀'과 같은 발상을 해냈어요. 그래파이트에 스카치테이프를 붙였다 떼어낸 거죠. 이 행위를 반복하면 마지막에는 스카치테이프에 한 층의 그래핀만 남게 되는 거죠(그래파이트에 스카치테이프를 붙였다 떼어내면 흑연 가루가 테이프에 붙어 떨어져 나온다. 이 테이프를 반으로 접었다 펴면 그래파이트층이 또 분리된다. 이 과정을 10~20회 정도 반복한 후 테이프를 녹여 그래핀을 얻는다. - 옮긴이). 그 이후 연구는 급속도로 진행되었고, 이 연구자는 2010년 노벨상을 수상했어요. 아카데미 시상식처럼 노벨상에도 조연상이 있다면 스카치테이프에 노벨 조연상을 주고 싶네요.

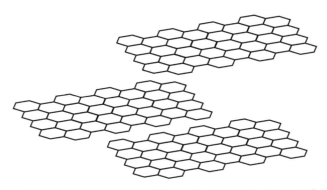

그래핀은 은[Ag] 이상으로 높은 전기전도성과 광학적으로 높은 불투명성 등 기존 물질과 다른 성질을 가지고 있습니다. 차세대 전자 부품 소재로서의 가능성도 큰 물질입니다.

탄소 왕국의 쌍둥이들

탄소 왕국은 왕인 탄소 원자와 그것이 만드는 분자이자 왕국의 국민인 탄소화합물, 즉 유기 화합물들의 나라예요. 유기 화합물의 종류는 무수할 정도로 많아요. 단순하고 기하학적으로 아름다운 물질부터 불가사의할 정도로 복잡하고 기괴한 물질까지 다양하죠.

같지만 다른 '이성질체'

분자를 구성하는 원자의 종류와 수를 나타내는 식을 분자식이라고 해요. H_2O나 CH_4 같은 게 바로 그 예시예요. 그런데 분자식만으로는 원자들이 어떻게 정렬되어 있는지 알 수 없어요. 예를 들어 물이 H-H-O로 결합하는지, H-O-H로 결합하는지는 분자식으로 알 수 없죠. 그래서 올바른 정렬 순서를 H-O-H와 같이 쓰고, 이를 구조식이라고 불러요.

유기 분자에는 분자식이 같고 구조식이 다른 분자가 많아요. 예를 들어 분자식 C_4H_{10}은 다음 그림처럼 두 가지의 구조식으로 나타낼 수 있어요.

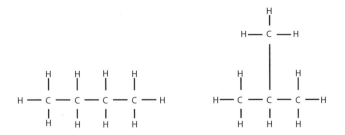

분자식은 둘 다 C_4H_{10}이지만 구조식은 서로 다릅니다.

두 분자는 성질도 반응성도 달라요. 엄연히 서로 다른 분자죠. 이처럼 같은 분자식인데 구조는 서로 다른 분자를 '이성질체'라고 해요. 예를 들어 앞서 살펴본 분자식 C_4H_{10}으로 표현하는 분자는 이성질체 2개가 존재하죠.

이성질체의 수는 분자를 구성하는 원자 수가 많아지면 말 그대로 기하급수적으로 늘어나요. 다음은 분자를 구성하는 탄소의 수가 늘어날수록 탄화수소의 이성질체의 수가 얼마나 늘어나는지 정리한 표입니다.

탄화수소별 이성질체의 수

분자식	이성질체의 수
C_4H_{10}	2
C_5H_{12}	3
$C_{10}H_{22}$	75
$C_{15}H_{32}$	4,347
$C_{20}H_{42}$	366,319

탄소 수가 3개 이하일 때는 이성질체가 존재하지 않지만 4개가 되면 2개, 10개는 75개, 그리고 20개가 되면 무려 36만 개로 늘어나네요. 그렇다면 탄소 수가 1만 개가 넘는 폴리에틸렌의 이성질체 수는 어떨까요? 웬만한 상상력으로는 가늠할 수 없는 천문학적인 수가 될 거예요.

이 표는 유기 화합물의 종류가 얼마나 많은지를 보여주고 있어요. 유기 화합물의 종류를 세는 것은 불가능하며, '무수하다'라는 말로만 표현할 수 있죠. 탄소 왕국의 국민 수는 지구의 총 인구수를 가뿐히 뛰어넘어요.

🗨 탄소가 하나여도 이성질체가 있다고?

앞서 메테인[CH_4]의 정사면체 구조를 잠깐 이야기했어요. 이 입체 구조를 다시 살펴볼까요?

다음 58쪽 그림에서 왼쪽은 평면 위에서 직선을 사용해 구조식으로 나타낸 거예요. 실선 쐐기 모양은 평면을 기준으로 앞쪽으로 튀어나왔다는 표시고, 점선 쐐기 모양은 평면을 기준으로 뒤쪽으로 들어갔다는 표시입니다. 결합선의 의미를 파악한 뒤 왼쪽 그림을 본다면, 오른쪽 그림처럼 테트라포드 형태를 쉽게 상상할 수 있을 거예요.

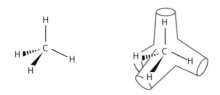

메테인[CH_4]은 정사면체의 테트라포드 형태를 띱니다.

테트라포드 모양을 확인했다면 다음의 그림도 볼까요? 분자 ①과 ②는 메테인에 있던 4개의 수소 자리에 W, X, Y, Z라는 서로 다른 네 종류의 원자(또는 치환기)로 바꿔 놓은 것이에요.

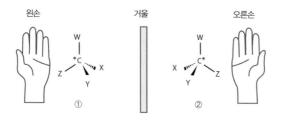

①과 ②는 같은 분자식이지만 회전시켜도 겹치지 않습니다. 이를 '거울상이성질체'라고 합니다.

①과 ②는 같은 분자식이지만(CWXYZ) 둘을 어떤 방향으로 돌려도 절대 겹치지 않아요. 즉 서로 다른 물질이죠. 그도 그럴 것이 ①을 거울에 비추면 ②가 되고, ②를 거울에 비추면 ①이 돼요. 마치 오른손과 왼쪽처럼 서로 절대 겹치지 않는 관계예요.

이러한 이성질체를 거울상이성질체라고 합니다. 또한 4개의 다른 치환기

제1부 영광의 탄소 왕국

가 달린 탄소를 비대칭 탄소라고 부르는데, '*C(혹은 C*)'로 나타내요. 이 비대칭 탄소에서 대부분 거울상이성질체가 발생해요.

거울상이성질체의 화학적 성질은 서로 똑같습니다. 이 말은, ①과 ②가 섞인 혼합물을 화학적 수단으로 ①과 ②로 분리(광학 분할)할 수 없다는 뜻이죠. 이뿐만이 아니라 화학적 방법으로 ①을 합성하려고 하면 ①뿐만 아니라 ②까지 합성되어 ①과 ②의 비율이 1:1인 혼합물(라세미체)이 생성돼 버려요.

그러나 희한하게도 거울상이성질체가 생명체에 미치는 영향은 서로 전혀 달라요. 이러한 거울상이성질체는 자연계에도 많이 존재합니다.

◎ 한쪽 방향밖에 모르는 자연의 미스테리

자연계에 존재하는 거울상이성질체로는 우리에게 친숙한 아미노산이 있어요. 아미노산은 단백질을 구성하는 단위 분자로 종류는 스무 가지예요. 아미노산의 구조를 살펴보면 중앙에 위치한 탄소에 4개의 치환기(R, H, NH₂, COOH)가 붙어 있고, 각 아미노산의 차이는 치환기 R의 차이로 나타납니다. 정리하면 아미노산의 중앙에 있는 탄소는 비대칭 탄소고, 2개의 거울상이성질체가 존재해요. 이를 각각 D형, L형 아미노산이라고 불러요. 다음 그림은 아미노산 중 하나인 글루탐산의 D형과 L형이에요.

왼쪽은 D−글루탐산(D형), 오른쪽은 L−글루탐산(L형)입니다. 자연계에 존재하는 것은 L−글루탐산뿐입니다.

하지만 자연계에 존재하는 아미노산은 L형뿐입니다. 극소수의 예외를 제외하면 D형은 존재하지 않아요. 실험실에서 아미노산을 만들면 D형과 L형의 1:1 혼합물(라세미체)이 생성되는데, 생명체가 만드는 아미노산은 L형뿐이에요. 그 이유는 아무도 몰라요. 심장이 왼쪽에 있는 이유, 나팔꽃 덩굴이 왼쪽으로 감기는 까닭을 모르는 것과 같아요. 조물주의 뜻이라고 생각하면 될까요?

우리가 먹는 조미료가 바로 글루탐산(정확히는 글루탐산나트륨)이에요. 처음 조미료가 개발되었을 때는 화학 합성으로 만들었어요. 그래서 100g의 조미료에는 감칠맛이 나는 L형이 50g 있었고, 나머지 50g은 아무런 맛도 없었죠. 조금 비효율적이었다고나 할까요. 다행히 지금은 미생물 발효로 조미료를 만들어요. 미생물은 생물이므로 L형만 만들 수 있어요. 따라서 현재의 조미료는 100g 중 100g 모두 감칠맛이 난답니다.

◎ 쌍둥이의 비극

1957년 독일(당시 독일은 분단되어 있었으므로 정확히는 서독을 말합니다)의 어느 제약회사가 탈리도마이드라는 이름의 수면제를 개발해 시중에 판매했어요. 그러나 얼마 지나지 않아 탈리도마이드는 심각한 부작용을 초래한다는 사실이 밝혀졌어요. 초기 임신부가 복용하면 사지에 이상이 있는, 특히 사지가 짧거나 없는 기형아가 태어난다는 것이었죠. 이는 바다표범 손발 증이라 불렸고, 사회적으로 큰 파장을 일으켰습니다. 전 세계적으로 확인된 피해자만 3,900명을 넘었고 일본에서도 무려 309명의 피해자가 태어났다고 해요.

원인은 탈리도마이드가 거울상이성질체였기 때문이었어요. 다음 61쪽 그림을 보면, 탈리도마이드는 두 거울상이성질체가 존재해요. 이 중 한쪽은 수면제로서의 역할을 했지만 다른 한쪽은 태아의 기형을 유발하는 성질이 있었던 거죠. 하지만 당시 사람들은 어느 쪽이 기형을 유발하는지 밝혀낼 수 없었어요. 왜냐하면 탈리도마이드는 특수한 구조를 갖고 있어서, 한쪽 거울상이성질체만 먹는다고 쳐도 체내에 들어가면 상호 전환되어 약 10시간 후에는 두 거울상이성질체의 1:1 혼합물이 되었기 때문이죠. 당연히 탈리도마이드는 제조 및 판매가 금지되었습니다.

탈리도마이드의 구조식. 둘 중 하나는 기형을 유발합니다.

그 이후 조사해보니 탈리도마이드의 거울성이성질체 중 하나가 태아의 모세혈관 생성을 방해한다는 사실이 밝혀졌어요.

그런데 이 효과를 이용하면 암세포가 모세혈관을 생성해 자라는 걸 저해할 수 있어요. 즉 항암 효과를 기대할 수 있죠. 또한 당뇨 때문에 생길 수 있는 실명도 막을 수 있어요. 당뇨병은 눈에 불필요한 모세혈관을 자라게 하는데 그것이 파열로 이어지면서 심각한 시력 장애를 일으키거든요. 이 부분에서도 탈리도마이드의 약효를 기대할 수 있겠네요.

이리하여 탈리도마이드는 의사의 엄중한 관리 하에서 사용할 수 있는 특수 의약품으로서 다시 인가받을 수 있었어요. 독과 약은 같은 것입니다.

미궁처럼 복잡하고 아름다운 유기 화합물

기원전 2000년경, 에게해에 미노스 문명이 번영했습니다. 미노스 문명의 대표적인 건축물인 크노소스궁전은 화려한 벽화로 장식되어 있고, 수많은 방이 장대하고 구불구불한 복도와 연결되어 있었어요. 외부인이 침입하면 방향을 잃고 밖으로 나가는 길을 찾지 못해서 미궁이라고도 불렸죠.

유기 화합물 중에도 미궁과 맞먹을 정도로 복잡하고 이 복잡함 때문에 독특한 미적 요소를 가진 물질이 있는데, DNA와 RNA도 이 물질들 앞에서는 명함을 내밀기 힘들어요.

⬡ 다시 똑같이 만들 수 없으면 인정받을 수 없어

유기 화합물의 구조는 메테인처럼 단순한 구조부터 매우 복잡한 구조까지 다양해요. 그중에서도 특히 복잡한 물질로는 부식산과 석탄이 있어요. 부식산은 도나우강과 같은 유럽을 가로지르는 긴 강을 탁하게 만드는 물질로, 식물을 구성하던 분자들이 분해·부패·융합하면서 생기는 거대분자예요. 단, 만들어지는 과정에서 짐작할 수 있듯 그 구조에 재현성이 없습니다. 일반적으로 이런 물질에 특정한 분자 구조가 있다고 보지는 않아요. 석탄도 마찬가지고요.

부식산의 화학 구조 모델 중 하나입니다. 구조에 재현성이 없으므로 분자 구조라고 할 수 없습니다.
※ 출처: Schulten and Schnitzer, 1993

◯ 천연 물질인데 이렇게까지 복잡하다니?

'갯바위의 왕자'라는 별명이 붙은 돌돔은 독이 있다고 알려져 있습니다. 함부로 먹다가 극심한 근육통을 일으킬 수도 있어요. 이는 일본 앞바다의 수온이 상승한 영향도 있습니다. 이전에는 태평양 열대 해역에만 존재했던 산호초가 일본 앞바다에 나타났거든요.

이 독은 스스로 생산하는 독이 아니라 먹이에 있던 독을 체내에 저장하는 것입니다. 복어 독이나 조개 독과 같은 원리죠. 따라서 돌돔의 독도 조개 독과 마찬가지로 계절에 따라 독의 양이 다르다고 알려져 있어요.

산호초의 독에도 여러 종류가 있지만, 그중에서도 강력한 독은 팔리톡신이에요. 산호초에서 서식하는 모래말미잘목('목'이란 생물의 계통을 정리할 때 쓰는 용어다. 즉 모래말미잘목 아래에 수많은 말미잘들이 있다고 파악하면 된다. – 옮긴이)이 생산하는 독입니다. 아참, 일반적으로 '톡신'은 생물이 생산하는 독을 가리키는 말이에요.

팔리톡신은 1971년에 발견되었어요. 이를 유기화학자들이 연구해 1982년 그 분자 구조를 밝혀냈습니다. 우연히도 세 연구 그룹(무어(Moore), 기시, 우에무라)이 각자 독자적으로 연구해 거의 비슷한 시기에 분자 구조를 발표했는데, 모두 다 같은 구조였다고 해요.

다음의 그림은 팔리톡신의 구조입니다.

이 구조는 인류가 밝힌 천연 분자의 구조 중 가장 복잡한 물질이에요. 또한 부식산과 달리 구조에 재현성이 있어요. 산호초에 사는 모래말미잘목에 속하는 말미잘들은 한 군데도 틀리지 않고 이 분자를 생산하고 있으니 혀를 내두를 수밖에 없죠. 이처럼 생명체는 이런 복잡한 구조의 분자를 조금도 틀리지 않고 똑같이 반복해서 합성하는 능력이 있답니다.

◎ 팔리톡신은 왜 만들기 힘들까

1994년, 기시의 연구팀이 이 화합물의 전합성(단순한 물질을 이용해 복잡한 분자를 합성하는 것을 뜻한다. – 옮긴이)에 성공했어요. 전 세계의 화학자는 놀라움을 금치 못했죠. 왜냐하면 팔리톡신의 구조는 생각할수록 복잡하기 때문이에요.

이 분자에는 비대칭 탄소가 64개예요. 2-4를 읽었으면 알겠지만, 비대칭 탄소가 1개 있으면 2개의 거울상이성질체가 나타나고 진짜 천연물은 그중 하나였어요. 이 말은, 팔리톡신을 인공적으로 합성했을 때 나타날 수 있는 거울상이성질체의 수는 2^{64}개고, 그중 진짜 팔리톡신은 단 하나라는 뜻이에요. 즉 팔리톡신의 진짜 구조가 나타날 확률은 무려 $\frac{1}{2^{64}}$이에요. 그야말로 천문학적으로 작죠.

팔리톡신의 전합성을 넘어설 정도로 복잡한 전합성을 수행한 연구자는 기시의 연구팀 이후로 없었다고 합니다. 그럼에도 기시 박사는 노벨상을 받지 못했어요. 학회에서 천연 유기화학의 지위가 낮았던 건지, 일본 화학계의 영향력이 약했던 건지 이유는 알 수 없어요.

◎ 비타민 B₁₂로 노벨상 두 번 받을 뻔한 과학자

분자 구조의 복잡함으로는 팔리톡신에 버금가는 물질이 바로 비타민 B_{12}예요. 다음 66쪽 그림을 보면 알겠지만 비타민 B_{12}의 구조는 매우 복잡하죠. 그런데 평면 구조는 의외로 빠르게 발견되었어요. 1948년에 밝혀졌으니까요.

이후 시간이 꽤 흘러 1961년, 도러시 호지킨은 X선 구조 분석 방법을 사용해 비타민 B_{12}의 입체 구조를 밝혔습니다. 호지킨은 이 공로로 1964년 노벨상을 수상했어요. 그렇게 밝혀진 비타민 B_{12}의 구조는 너무나 복잡해서 합성은 불가능하다고 여겨졌죠.

비타민 B$_{12}$의 구조식입니다. 구조식을 제대로 보고 싶다면 12쪽 '구조식을 알아야 탄소 왕국을 이해한다'를 참고하세요.

그러나 1973년, 화학자 로버트 우드워드와 알버트 에셴모저가 협력해 전합성에 성공했어요. 이는 유기 합성 화학의 금자탑이라 해도 손색이 없는 업적이죠. 우드워드는 이미 1965년에 여러 종류의 천연물 합성에 성공한 공로로 노벨 화학상을 수상한 뛰어난 과학자로, 20세기 최고의 화학자로 칭송받고 있어요.

우드워드의 업적은 이뿐만이 아니에요. 비타민B$_{12}$의 합성을 연구할 때 협력하던 과학자인 로알드 호프만과 함께 우드워드·호프만 법칙(분자 궤도의 대칭성이 유지되는 반응이 유지되지 않는 반응보다 일어나기 쉽다는 법칙. 궤도 대칭성 보존 법칙이라고도 한다. - 옮긴이)이라는 엄청난 발견으로 유기 양자 화학에 크게 공헌했어요.

우드워드·호프만 법칙은 이후 일본 화학자 후쿠이 겐이치의 프론티어 궤도 이론과 유사한 것으로 밝혀졌고, 호프만과 후쿠이는 1981년에 노벨 화학상을 수상했어요. 유감스럽지만 1979년에 세상을 떠난 우드워드는 수상할 수 없었습니다. 만약 그가 살아 있었다면 노벨상을 같은 분야에서 두 번 수상하는 매우 드문 사례가 되었겠네요.

제Ⅱ부

생명체를 지배하는
탄소 왕국

carbon

제3장

생명체를 만드는 탄소 왕국

탄소 왕국의 국민에게 부여된 큰 사명 중 하나가 '생명체를
만드는 일'이에요. 주로 탄수화물, 단백질, 지방 등이 이
사명을 다하기 위해 열심히 일하고 있어요. 그렇다면
국민들이 어떻게 일하고 있는지 살펴봅시다.

생명체는 태양 에너지로 만들어졌다

지구상에서 살아가는 생명체는 종류가 무수할 뿐 아니라 개체 수 역시 엄청나게 많아요. 포유류만 4,500종 정도고, 여기에 곤충과 균류까지 포함한다면 그 종류는 수천만에 이를지도 몰라요. 한편 개체 수는 인류만으로도 벌써 75억에 이릅니다. 그러니 모든 생명체의 개체 수를 따지면 탄소 왕국의 국민 수와 마찬가지로 '무수하다'라고밖에 표현할 수 없겠죠.

이렇게 많은 생명체가 지구상에 존재할 수 있는 비결은 지구가 태양의 주위를 돌고 있다는 데 있어요. 탄소 왕국에서는 태양으로부터 받은 에너지를 이용해 지구상에 있는 원소들을 원료로 유기 화합물을 만들어내요. 그 과정에서 생명체의 주원료인 탄수화물, 지방, 단백질이 탄생하죠. 다시 말해 탄소 왕국이 태양 에너지를 많은 생물이 이용할 수 있는 형태로 만들어 줌으로써 지구상에 수많은 생명체가 살아갈 수 있는 것이랍니다.

◯ 태양과 지구의 절묘한 거리

태양은 항성이에요. 항성은 수소 원자가 모여 이루어진 것으로, 거기서 수소 원자가 핵융합해 헬륨으로 바뀌어요. 이때 발생하는 핵융합 에너지 때문에 태양 표면도 6,000℃ 정도로 뜨거워요.

태양은 핵융합으로 발생시킨 에너지를 주로 열과 빛의 형태로 방출해요. 이 에너지들은 태양과 지구 사이의 거리, 약 1억 5,000만 km를 여행해 지구에 이릅니다. 이 거리에 주목하세요. 이보다 가까우면 지구의 온도가 지나치게 높아지고 물은 증발해 지구상에 생명체가 생기지 않을 거예요. 반대로 이보다 멀어지면 지구의 온도가 낮아지겠죠? 그러면 물은 얼어 버리고 생화학 반응도 진행되지 않을 테니 생명체가 생길 수 없겠네요.

🌀 식물과 동물은 사실 거의 비슷하다

지구상의 모든 생명체는 태양이 내뿜는 에너지로 살아가요. 그중에서도 태양 에너지를 가장 잘 이용하는 것은 식물이에요. 식물 속 엽록소라 불리는 유기 화합물은 태양 에너지를 이용해 이산화 탄소[CO_2]와 물[H_2O]로 여러 종류의 탄수화물[$C_n(H_2O)m$]을 합성하고 산소도 만들어내는데 이 과정을 광합성이라고 부릅니다.

다음 그림의 왼쪽이 엽록소의 분자 구조예요. 고리 가운데에 금속 원자인 마그네슘[Mg]이 있네요. 일반적으로 이 고리 부분을 '포피린 고리'라고 불러요.

한편 포유류는 체내에 있는 산소를 운반할 때 헤모글로빈을 사용합니다. 헤모글로빈은 단백질과 헴(heme)이라는 유기 분자로 이루어진 복합체예요.

엽록소(왼쪽)과 헴(오른쪽)의 분자 구조. 포피린 고리 가운데에 마그네슘[Mg]이 있으면 엽록소, 철[Fe]이 있으면 헴입니다.

이제 다시 그림을 볼까요? 그림 오른쪽이 바로 헴이에요. 헴은 엽록소와 매우 유사해요. 고리 가운데에 마그네슘[Mg] 대신 철[Fe]이 들어가 있다는 차이가 있어요.

식물과 동물은 서로 엄청나게 다른 것 같지만 이처럼 분자 수준에서 보면 핵심적인 부분은 의외로 유사합니다. 게다가 식물과 동물의 DNA는 똑

같아요. 차이점은 DNA로 적은 정보가 다르다는 것뿐이죠. 조물주의 도구 상자 안에는 비교적 적은 종류의 재료만 들어 있을지도 몰라요. 블록 장난 감의 종류는 몇 가지밖에 없지만, 조립하면 무수히 많은 모양을 만들 수 있는 것과 같네요.

다시 광합성 이야기로 돌아가 봅시다. 에너지의 관계로 따졌을 때, 광합성은 연소와 정반대라고 보면 돼요. 이산화 탄소와 물의 혼합물이 가진 에너지의 합은 낮아요. 그런데 여기에 빛 에너지 ΔE를 추가하면 혼합물이 이 에너지를 흡수해서 ΔE만큼의 높은 에너지를 가진 탄수화물이 생겨요.

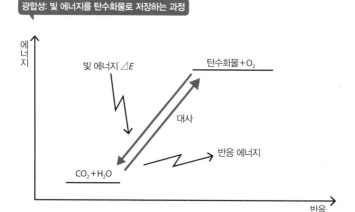

광합성: 빛 에너지를 탄수화물로 저장하는 과정

빛 에너지와 이산화 탄소, 물을 이용해 식물이 지구상에 탄수화물과 산소를 공급합니다. 이런 과정을 통해 지구는 생명체의 낙원이 되었습니다.

이 탄수화물을 초식 동물이 먹고 소화·흡수·대사 과정을 통해 산소나 질소와 반응시키면서 단백질 등의 생명체 구성 물질을 합성하는 한편, 생명 유지를 위해 필요한 에너지를 얻어요.

탄수화물은 태양 에너지 통조림

탄수화물의 분자식은 $Cn(H_2O)m$로 쓸 수 있어요. 분자식만 봐서는 탄소[C]와 물[H_2O]이 결합한 것처럼 보이지만, 그렇게 단순한 물질이 결코 아닙니다. 탄수화물의 종류는 다양한데 크게 단당류, 다당류, 무코 다당류로 나누어요.

탄수화물은 동물의 에너지원으로 체내에서 1g이 연소, 즉 대사되어 이산화 탄소와 물이 되면 약 4kcal의 에너지가 발생해요. 이렇게 생물에 에너지를 공급하거나 저장하는 탄수화물은 태양 에너지로 만들어졌기 때문에 '태양 에너지 통조림'이라고 할 수 있겠네요.

◇ 탄수화물의 기본, 단당류와 이당류

식물이 광합성을 통해 가장 먼저 만들어 내는 당류는 탄소 수가 5개 혹은 6개인 고리형 화합물이에요. 이를 단당류라고 불러요. 단당류는 탄수화물의 기본 단위라고 생각하면 쉬워요. 단당류 2개가 결합하면 결합한 단당류의 종류에 따라 자당이나 맥아당 등의 이당류가 되고, 여러 개가 이어지면 녹말과 셀룰로스 등의 다당류가 되는 거죠.

단당류 중 가장 잘 알려진 물질로 글루코스(포도당)와 프룩토스(과당)가 있어요. 글루코스는 수용액에서 고리형과 사슬형으로 존재할 수 있는데 고리형은 그 입체 구조의 차이에 따라 α-글루코스와 β-글루코스로 나뉘어요.

글루코스 2개가 탈수 반응으로 결합하면 말토스(맥아당)가 돼요. 맥아당은 그 이름대로 보리의 싹인 맥아에 함유되어 있습니다. 맥아는 맥주와 위스키의 원료로 쓰이죠.

α―글루코스   글루코스   β―글루코스

프룩토스

단당류의 대표 주자인 글루코스와 프룩토스입니다. (중간은 사슬형 글루코스로 α―글루코스 또는 β―글루코스로 바뀔 수 있고, 따라서 α―글루코스가 사슬형으로 변한 다음 β―글루코스로 변하는 것도 가능하다. 물론 그 반대도 가능하다. ― 옮긴이)

말토스

수크로스

이당류의 대표 주자인 말토스와 수크로스입니다.

글루코스와 프룩토스가 탈수 반응으로 결합하면 수크로스, 흔히 말하는 설탕이 돼요. 이 설탕을 다시 프룩토스와 글루코스로 분해한 혼합물을 전화당이라고 부릅니다. 같은 무게의 설탕과 전화당을 비교하면 설탕보다 전화당이 적은 양, 즉 적은 칼로리로 단맛을 낼 수 있기 때문에 이전에는 다이어트 식품처럼 여겨지기도 했지만 생각해 보면 '언 발에 오줌 누기'일 뿐이죠.

⬡ 다당류를 알아보자

여러 개의 단당류가 탈수 반응으로 결합한 것을 다당류라고 불러요. 녹말과 셀룰로스를 알고 있겠죠? 이 두 가지 다당류는 모두 글루코스로 이루어진 물질이며, 잘 분해하면 둘 다 글루코스로 얻을 수 있어요.

녹말과 셀룰로오스

그러나 이 두 다당류는 입체 구조가 달라요. 녹말은 α-글루코스로 이루어져 있는데, 셀룰로스는 β-글루코스로 이루어져 있죠. 초식동물의 소화 효소는 둘 다 분해할 수 있지만, 인간의 소화 효소는 녹말만 분해할 수 있어요. 자연계에는 막대한 양의 셀룰로스가 존재하지만 인간이 먹을 식량이 될 수 없어요. 이는 인류의 존속에 불리하게 작용하겠죠.

유산균이나 비피더스균도 물론 건강에 유익한 세균이지만, 셀룰로스를 분해하는 균을 인간의 장내에서 증식시킬 수 있다면? 인류에게 정말 경사스러운 일이 될 거예요.

셀룰로스

안타깝게도 인간은 셀룰로스를 분해할 수 없습니다.

부드러운 아밀로스와 쫀득한 아밀로펙틴

녹말은 크게 아밀로스와 아밀로펙틴으로 구분할 수 있어요. 아밀로스는 글루코스가 긴 사슬처럼 이어진 구조고, 아밀로펙틴은 글루코스들이 이어져 있되 마치 가지를 친 것 같은 구조예요. 우리가 매일 먹는 멥쌀에는 아밀로펙틴이 20~30% 정도 함유돼 있어요. 반면 찹쌀에 함유된 녹말은 100% 아밀로펙틴이에요. 찹쌀로 만든 떡이 쫀득거리는 이유는 가지를 친 아밀로펙틴이 서로 얽혀 있기 때문이죠.

아밀로스

일반 쌀에는 아밀로스가 20~30% 함유돼 있습니다.

α-녹말과 β-녹말

녹말은 그 상태에 따라 α-녹말과 β-녹말로도 나뉘어요. 생녹말을 β-녹말이라고 합니다. β-녹말은 단단한 결정 상태라서 소화 효소가 작용하기 힘들고, 그래서 소화가 잘되지 않아요.

하지만 β-녹말을 끓이면 결정 안으로 물이 스며들어 결정이 부드러워져요. 이 상태를 α-녹말이라고 합니다. 예를 들어 딱딱한 β-녹말인 쌀을 끓여 밥을 만드는데, 밥이 바로 α-녹말 상태예요. α-녹말을 식히면 물이 녹말에서 빠져나가 원래 상태인 β-녹말로 되돌아가고요. 건조하고 딱딱한 찬밥이 β-녹말이에요. 그런데 α-녹말을 급속하게 가열한 다음 건조하거나 냉동시키면 α-녹말 상태가 유지될 수 있어요. 일본의 전통 보존식인 야키고메(쌀을 볶아 가공한 식품. - 옮긴이)나 전병, 비스킷 등을 이렇게 만들어요.

⬡ 아, 건강기능식품 광고에서 이름 들어 봤어

단당류에는 포도당 등과 같은 탄수화물 이외에 질소[N]를 가진 것도 있습니다. 단당류의 하이드록시기[-OH]의 일부가 아미노기[-NH$_2$]로 치환된 화합물로, 아미노당이라고 불러요. 대표적으로 글루코사민과 아세틸글루코사민이 잘 알려져 있는데, 어쩌면 건강기능식품 광고에서 들어 봤을 수도 있겠네요.

일반적으로 아미노당을 성분으로 하는 다당류를 무코 다당류라고 불러요. 게나 곤충의 겉껍데기 성분인 키틴이 유명하죠. 한편 히알루론산은 관절 순환 작용과 피부 보습 효과가 있어 의약품과 화장품에 많이 사용합니다. 콘드로이틴황산은 연골과 피부를 형성하며 대부분 단백질과 결합한 형태로 존재해요.

글루코사민

N-아세틸글루코사민

키틴(NHCOCH₃ 자리에 NH₂가 붙으면 키토산)

히알루론산

콘드로이틴황산

무코 다당류는 그 성질이나 존재하는 부위 때문에 뼈나 단백질의 일종으로 착각할 수 있지만, 엄연히 탄수화물입니다.

지방은 다이어트의 적이 아니다

지방 1g을 대사하면 9kcal의 에너지가 발생하기 때문에 생명체에 매우 중요한 에너지원입니다. 하지만 동시에 대사증후군의 주요 원인이기도 하죠.

🔵 지방이 생명체에 꼭 필요한 이유

지방이 다이어트의 적으로 낙인찍혀 사람들에게 미움받는 것 같아 정말 안타까워요. 지방은 고에너지 물질일 뿐만 아니라 생명체를 구성하는 원료로서도 꼭 필요한데 말이죠.

먼저 생물, 즉 생명체가 무엇인지 그 정의부터 설명할게요. 생명체는 다음의 세 가지 조건을 갖춘 것을 말해요. 첫째, 자신의 유전 물질을 자손에게 전하는 유전 능력. 둘째, 생명체를 유지하기 위해 물질을 합성하거나 분해하는 대사 능력(스스로 영양을 획득하는 능력 역시 갖추고 있어야 합니다). 셋째, 세포 구조. 이 모두를 갖추고 있어야 합니다.

이 정의에 따르면 세균은 생명체지만 바이러스는 생체가 아니에요. 바이러스는 세포 구조가 없기 때문입니다. 그저 단백질로 만든 용기 안에 DNA가 있을 뿐이죠. 그러므로 바이러스는 생명체가 아닌 '그냥(?) 물질'이에요.

그럼 세포가 무엇일까요? 세포막으로 둘러싸인 용기 안에 생명 유지 장치와 유전 장치가 내장된 물질입니다. 즉, 생명체로 존재하려면 세포 구조가 있어야 하고, 세포 구조가 존재하기 위해서는 세포막이 있어야 합니다. 세포막이 없으면 세포 구조는 만들어질 수 없죠. 이 세포막의 주요 성분으로 인지질(이게 뭔지 궁금하면 199쪽을 참고하세요)이 있는데, 인지질을 만들기 위한 원료가 바로 지방이에요.

즉, 지방은 생명체가 생명체로 존재하기 위해서 없어서는 안 될 중요한 재료입니다. 대사증후군이 어쩌니 하며 이러쿵저러쿵 말할 때가 아니에요.

$$CH_2 - O - COR \qquad\qquad CH_2 - O - COR$$
$$CH - O - COR' \xrightarrow{\;\;인산[H_3PO_4]\;\;} CH - O - COR' \longrightarrow 세포막$$
$$CH_2 - O - COR'' \qquad\qquad CH_2 - O - P(OH)_2$$
$$\qquad\qquad\qquad\qquad\qquad\qquad\qquad \overset{\|}{\underset{O}{}}$$

지방   인지질

🔵 지방의 구조를 알아보자

지방 분자 하나를 분해하면 글리세린 1개와 지방산 3개가 나와요. 글리세린은 딱 한 종류밖에 없습니다. 어떤 지방을 분해해도 반드시 글리세린이 생성됩니다. 글리세린은 알코올의 일종으로 이를 질산으로 처리하면 나이트로글리세린이 되는데, 다이너마이트의 원료와 협심증의 특효약으로 알려져 있죠. 이 이야기는 185쪽 7-4에서 살펴볼게요.

반대로 지방산은 종류가 많습니다. 지방 분자 하나에서 얻을 수 있는 3개의 지방산은 모두 같을 때도 있지만 각각 다를 때도 있거든요. 즉, 지방의 종류 차이는 곧 지방산의 조합 차이라고 할 수 있어요.

$$CH_2 - O - COR \qquad\qquad CH_2 - OH \qquad HO - CO - R$$
$$CH_2 - O - COR' \xrightarrow{\;\;물[H_2O]\;\;} CH_2 - OH \;\; + \;\; HO - CO - R'$$
$$CH_2 - O - COR'' \qquad\qquad CH_2 - OH \qquad HO - CO - R''$$

지방   글리세린   지방산

🔵 딱딱한 지방산과 흐르는 지방산

식품에 함유되는 지방산은 10~20개 정도의 탄소가 사슬을 이루고 있어요. 지방산에는 탄소 사슬에 2중 결합을 포함하는 불포화 지방산(2중 결합

이 불포화 결합이기에 불포화 지방산이라고 부른다. - 옮긴이)과 포함하지 않는 포화 지방산이 있어요. 고체 형태의 지방 속 지방산은 주로 포화 지방산, 액체 형태의 지방 속 지방산은 주로 불포화 지방산이에요.

먹으면 똑똑해지는 지방

어패류에 많이 함유돼 있고, '머리에 좋다'고 알려진 EPA와 DHA는 불포화 지방산입니다. EPA는 eicosapentaenoic acid(에이코사펜타엔산)의 약자로 '에이코사'는 그리스어로 숫자 20을 의미하고, 20개의 탄소가 있다는 의미예요. 한편 '펜타'는 5를 의미하며 5개의 2중 결합을 뜻해요. 마찬가지로 DHA는 docosahexaenoic acid(도코사헥사엔산)의 약어로 '도코사'는 22개, '헥사'는 6개를 나타냅니다.

EPA

DHA

Column 그리스어를 알면 탄소 화합물을 잘 알 수 있다

탄소 화합물은 탄소 수와 2중 결합의 수 등을 이용해 그 이름을 짓곤 하는데, 이때 사용되는 수사(數詞)는 그리스어예요. 예시 몇 가지를 살펴볼까요?

수	그리스어	예
1	mono (모노)	monorail(모노레일: 레일이 1개인 기차)
2	di/bi (다이/바이)	divide(분리되다) bicycle(자전거: 바퀴가 2개라 붙은 이름)
3	tri (트라이)	trio(삼중주)
4	tetra (테트라)	tetrapod(테트라포드: 다리가 4개인 모양)
5	penta (펜타)	pentagon(펜타곤: 오각형 모양의 건물을 따서 붙인 이름)
6	hexa (헥사)	hexapod(곤충: 다리가 6개라 붙은 이름)
8	octa (옥타)	octopus(문어: 다리가 8개라 붙은 이름)

몸에 좋은 지방의 조건

흔히 오메가(ω)-3 지방산이 '몸에 좋다'고 알려져 있죠. 오메가-3란 탄소 사슬 끝(ω)에서부터 세 번째 탄소에 2중 결합이 존재한다는 뜻으로, 앞서 언급한 EPA나 DHA 역시 오메가-3 지방산이에요.

액체 상태의 지방에 수소를 반응시키면 2중 결합에 수소가 첨가되어 단일 결합이 되고, 이에 따라 액체의 지방이 고체로 바뀌게 돼요. 이런 물질을 경화유라고 부르는데, 마가린과 쇼트닝이 바로 이런 방법으로 만들어지죠. 이렇게 만든 경화유는 비누 등을 만드는 데도 사용돼요. 단, 이 방법으로 모든 2중 결합이 단일 결합으로 변하는 건 아니고 1~2개의 2중 결합은 남는다고 해요.

몸에 나쁜 지방의 조건

　지방산의 2중 결합에는 각 탄소에 수소가 하나씩 붙어 있어요. 이 경우 수소 2개의 위치에 따라 서로 차이가 생겨요. 2중 결합에 붙은 수소 2개가 같은 방향이면 시스형, 서로 반대 방향이면 트랜스형이라고 합니다. 자연계에 존재하는 불포화 지방산은 모두 시스형이에요. 앞서 봤던 EPA나 DHA 역시 시스형이고요.

　자연계에 존재하는 지방산의 일종인 올레산을 예로 들어 볼게요. 자연 올레산은 시스형이므로 분자 구조는 2중 결합을 중심으로 낫 모양으로 꺾여 있어요. 그런데 올레산을 인공적으로 경화유로 만들면 대부분은 포화 지방산으로 변하지만, 일부 올레산은 길게 뻗은 트랜스 지방산으로 변해요. 그림을 보면 무슨 말인지 알 거예요.

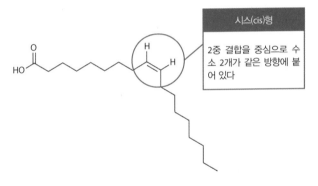

시스(cis)형

2중 결합을 중심으로 수소 2개가 같은 방향에 붙어 있다

자연계에 존재하는 올레산 분자는 꺾여 있습니다.

트랜스(trans)형

2중 결합을 중심으로 수소 2개가 반대 방향에 붙어 있다

인공적으로 만든 올레산 분자는 일직선입니다.

트랜스 지방산은 건강에 좋지 않다고 알려져 있어요. 나쁜 콜레스테롤을 증가시켜 심혈관질환의 위험을 높인다고 하죠. 2003년 세계보건기구(WHO)는 트랜스 지방산의 섭취량은 총에너지 섭취량의 1% 미만으로 제한해야 한다고 권고했어요. 기준은 하루에 약 2g 미만이라고 합니다.

단백질은 생명체의 본질

단백질 하면 고깃집의 고기를 먼저 떠올리곤 하는데, 단백질에게 대단히 실례되는 이야기예요. 탄소 왕국에서 가장 중요한 국민이 구운 고기 취급이나 당하다니, 그러면 왕이 슬퍼하지 않을까요?

동물의 몸에서 단백질은 대부분 콜라겐으로 존재하며 몸을 구성하는 주요 성분이에요. 그러나 단백질에서 정말 중요한 작용은 효소로서의 작용이에요. 효소는 화학 반응의 지배자이자 DNA의 유전 정보를 발현하는 일꾼으로 생명체에서 가장 중요한 역할을 담당하고 있어요.

단백질을 간단하게 정의하면, 여러 개의 아미노산이 결합한 천연 고분자라고 할 수 있어요. "그렇다면 아미노산이 많이 결합된 물질은 모두 단백질인가요?"라고 묻는다면, 사실 그렇게 단순하지는 않습니다.

◎ 사람들을 떨게 한 광우병의 원인

아미노산은 서로 결합할 수 있어요. 수백 개가 넘는 아미노산이 결합해 생긴 긴 끈 형태의 천연 고분자를 폴리펩타이드라고 칭해요. '폴리'는 폴리에틸렌의 '폴리'와 같으며, 그리스어로 '많음'을 의미하죠.

아미노산의 결합 순서는 단백질 구조에서 가장 중요하며 이를 단백질의 1차 구조라고 합니다.

그러면 아미노산이 죽 연결된 폴리펩타이드가 곧 단백질이라고 생각할 수도 있겠지만, 사실 그렇게 간단하지 않아요. 폴리펩타이드 중 특별한 물질, 이른바 폴리펩타이드의 '엘리트'만이 단백질이라고 불릴 수 있어요.

엘리트의 조건은 바로 입체 구조를 갖췄냐 여부입니다. 폴리펩타이드 끈이 정확한 재현성을 가지고 접혀야 해요. 이 '접힘'에 의해 단백질의 기능이 나타납니다. 폴리펩타이드 끈이 그저 구깃구깃하게 뭉친 것을 단백질이라고 부를 수는 없겠죠.

이전에 큰 문제가 되었던 광우병은 이 접힘과 관계가 있었어요. 광우병의 원인은 프라이온이라는 단백질입니다. 프라이온은 체내에 있는 평범한 단백질이지만 이것이 잘못 접히면서 입체 구조의 형태가 이상해져 광우병을 일으킨 것이었죠.

◎ 왜 구운 고기는 생고기로 되돌아가지 않을까?

단백질은 비가역적으로 성질이 변화해요. 생고기를 구웠다고 생각해 봅시다. 구운 고기를 아무리 식혀도 절대 생고기 상태로 되돌아가지 않죠. 이렇게 변화하기 전 상태로 돌아가지 않는 변화를 '비가역적' 변화라고 부르며, 단백질의 비가역적 변화를 변성이라고 칭해요.

그런데 생고기와 구운 고기의 단백질을 비교하면 1차 구조는 같아요. 즉, 고기를 구워도 폴리펩타이드 사슬을 구성하는 아미노산의 종류 · 개수 · 결합 순서에는 변화가 없어요. 변화하는 것은 입체 구조입니다. 단백질의 입체 구조는 민감해서 외부 조건이 조금만 변화해도 변성돼 버려요.

가열이 전형적인 외부 조건 변화예요. 그 밖에 단백질이 들어 있는 용액의 산성도(pH)가 변화하거나 단백질이 특정 종류의 약품에 노출돼도 변성해요. 포름알데하이드가 그러한 약품 중 하나로, 단백질을 경화하는 작용이 있어요. 생물 실험실에서 병에 들어 있는 뱀과 개구리의 표본을 볼 수 있죠? 그 병 속에 담긴 액체가 바로 포르말린으로, 포름알데하이드 농도 30% 정도의 수용액이에요. 포름알데하이드가 새집증후군의 원인으로 지목받는 이유를 알겠죠?

알코올도 이런 약품 중 하나예요. 살무사술이나 반시뱀술은 독사를 술에 담가 만든 술인데, 독사의 독은 단백질 성분이에요. 따라서 알코올에 절여지면 단백질이 변성해 독의 효과가 없어져 버려요. 그러나 변성이 완료되는 데는 시간이 필요하죠. 갓 담근 뱀술에는 독 성분이 남아 있을 수도 있어요. 아무쪼록 주의해야 합니다.

◯ 콜라겐을 먹으면 정말 피부가 좋아질까?

단백질에는 여러 종류가 있습니다. 헤모글로빈이나 효소도 단백질의 일종이고 그 이외에도 여러 가지가 있습니다.

단백질은 식물에 함유된 식물성 단백질과 동물에 함유된 동물성 단백질로 나뉘어요. 동물성 단백질은 효소와 헤모글로빈 또는 혈액 속에서 물질을 운반하는 기능성 단백질과 몸을 만드는 구조 단백질로 분류할 수 있고요. 구조 단백질에는 털이나 손톱을 구성하는 케라틴, 힘줄과 인대를 구성하는 콜라겐이 잘 알려져 있어요. 콜라겐은 몸을 만드는 주요 단백질로, 동물의 전체 단백질 중 $\frac{1}{3}$이 콜라겐이라고 합니다. 참고로 젤리의 원료인 젤라틴은 100% 콜라겐이에요.

케라틴이나 콜라겐을 먹으면 몸속에서 소화 과정을 거쳐 20종류의 아미노산으로 분해돼요. 케라틴을 함유한 털과 손톱을 먹어서 머리숱을 늘리려는 사람은 아무도 없습니다. 콜라겐도 마찬가지예요. 먹으면 분해되어 아미노산이 될 뿐이죠. 먹은 콜라겐이 또다시 콜라겐으로 재생할 확률은 다른 단백질을 먹었을 때와 똑같이 $\frac{1}{3}$ 정도에 지나지 않아요.

생명을 연주하는 미량 물질

생명체가 살아가려면 생명체를 유지 관리해야 해요. 유지 관리에는 에너지가 필요하고, 에너지를 얻기 위한 식료품과 식료품을 소화 분해하는 대사 능력이 필요해요. 이 일을 앞서 살펴본 효소가 하죠.

그 이외에도 각 장기가 원활하게 작용하도록 돕고, 장기끼리 신호를 주고받게 돕는 물질이 필요해요. 적은 양으로도 충분하기에 미량 물질이라고 불러요. 미량 물질 중에는 인간 스스로 만들 수 있는 물질과 만들 수 없는 물질이 있습니다. 인간 스스로 만들 수 있는 물질을 호르몬, 만들 수 없는 물질을 비타민이라고 해요.

◯ 비타민, 많아도 적어도 문제

비타민에는 수용성 비타민 B, C와 지용성 비타민 A, D, E, K가 있습니다. 또한 비타민 B는 하나가 아니라 8종류의 비타민을 묶어서 부르는 말이라는 걸 생각하면(그래서 비타민 'B군'이라고도 해요) 비타민의 종류는 상당히 많다고 할 수 있죠.

비타민이 부족하면 특유의 증상이 나타나므로 섭취에 주의해야 해요. 그런데 너무 많이 섭취해도 과잉증이 나타나요. 특히 지용성 비타민의 경우 과잉증이 나타나도 몸 밖으로 잘 배출되지 않으므로 주의가 필요합니다.

◯ 호르몬, 장기 사이의 전령

호르몬은 몇몇 특정한 장기에서 생산되는 물질이에요. 호르몬이 혈류를 타고 다른 특정한 장기에 도달해 그 장기의 기능을 제어해요. 각 장기가 각 장기의 기능을 확인하고 서로 조정하는 거죠. 비유하자면 호르몬은 관공서에서 문서를 전달하는 것과 같은 역할을 합니다.

갑상선에서 분비되는 갑상선 호르몬은 전체 세포의 성장을 지배하는 기능을 해요. 갑상선 호르몬의 분자 구조는 매우 특징적인데, 1분자에서 아이오딘[I] 원자를 4개나 가지고 있어요.

원자로에서 사고가 일어나면 아이오딘의 동위원소인 아이오딘-131[^{131}I]이 발생합니다. 이는 불안정한 방사성 동위원소로 β선을 방출합니다. 반감기는 8일이고요. β선은 암 등의 원인이 되는 유해한 방사선이에요. 인간이 아이오딘을 흡수하면 그것이 갑상선에 모여 갑상선 호르몬이 됩니다. 즉, 위험한 방사성 아이오딘이 갑상선에 모이면 몸 속에서 β선을 방출해 갑상선암을 유발하는 거죠.

그래서 고안한 방법이 위험한 방사성 아이오딘이 흡수되기 전, 아이오딘의 동위원소 중 가장 안전한 아이오딘-127[^{127}I]을 섭취해 미리 갑상선을 꽉 채워 놓는 것이에요. 원자로 발전소 근처에 있는 지방자치단체들은 아이오딘제재를 대량으로 보관해 사고가 일어났을 때 즉시 주민에게 배포할 수 있도록 준비하거나, 혹은 사전에 배포해 사고를 예방해요. 정말 무서운 이야기입니다. 이런 식으로 나라에 신세를 지고 싶지는 않네요.

🔷 상대를 유혹하는 페로몬

호르몬은 몸 안에서 각 장기끼리 신호를 주고받는 데 쓰인다고 했죠? 어떤 미량 물질은 생명과 생명끼리 신호를 주고받는 데 쓰이기도 해요. 그게 바로 페로몬이에요. 동물이나 곤충은 페로몬을 내뿜고 그에 반응한다고 알려져 있어요. 최초로 발견된 페로몬은 누에나방의 페로몬입니다. 암컷의 누에나방이 분비하는 페로몬은 고작 10^{-10}g이지만 100만 마리의 수컷을 흥분시킨다고 하죠.

사람에게도 페로몬이 존재했다면 학교에서 공부하거나 회사에서 일하기 쉽지 않을 거예요. 사람도 페로몬을 내뿜고 그에 반응한다는 설도 있지만 아직은 증명되지 않은 듯해요. 만약 페로몬이 작용하고 있다면 페르몬을 감지하는 기관은 아마도 야콥슨 기관일 것입니다. 사람에게도 콧구멍 안에 그

흔적이 있지만 퇴화했다고 해요.

가끔 엘리베이터 안에 독한 향수 냄새가 남아 있을 때가 있어요. 그런 향기에 흥분하는 사람이 있을지도 모르기 때문에 주의해야겠네요.

 Column 100년 동안 사랑받고 있는 향기

향수는 액체나 고체 상태의 향료를 알코올에 녹인 용액이에요. 향수의 향기는 시간이 지나면서 변화해요. 향수를 뿌리고 10분 정도의 향기를 톱 노트, 20분~30분 정도의 향기를 미들 노트, 그리고 시간이 지나 사라질 때까지의 향기를 라스트 노트라고 해요. 향기의 변화 방법과 지속 시간은 향수의 상품과 농도, 사람의 체온, 장소에 따라 다르죠.

향료에는 보통 천연향료가 사용돼요. 꽃이나 감귤계 등의 식물계와 사향, 용연향 (앰버) 등의 동물계로 나눌 수 있어요.

유명한 '샤넬 N°5' 향수는 기존의 천연향료 100%의 향수에 합성향료를 섞어 '태양의 향'을 창조한 것으로 유명세를 탔어요. N°5는 1921년에 출시되어 이후 100년 넘게 전 세계에서 사랑받고 있어요. 이런 것이 바로 '명품 향수'가 아닐까요?

carbon

제4장

탄소 왕국에서 온 구세주

사람들이 탄소 왕국의 실력에 감사할 때는 질병이나 부상으로 괴로워할 때가 아닐까요? 약은 인류를 구했습니다. 한편 단맛이나 좋은 향기와 술은 인류에 행복한 순간을 가져다 주었고요. 이 장에서는 인류의 삶을 풍요롭게 만든 탄소 왕국의 국민들을 실펴볼게요.

생명을 구하는 자연의 은총

인류의 역사는 질병과의 전쟁이라고도 표현할 수 있어요. 이 전쟁에서 인류에게 큰 힘이 되어 준 것이 탄소 왕국이었죠. 탄소 왕국의 국민 중 인류를 가장 기쁘게 한 것은 아마도 의약품이지 않을까 생각해 봅니다. 질병으로 열이 오르거나 부상 때문에 통증에 시달릴 때, 그 고통에서 구해 주는 의약품만큼 고마운 것은 없을 테니까요. 그야말로 자연의 은총이에요.

◯ 질병을 정복하려는 인류의 욕망을 책으로 엮다

아주 오랜 옛날부터 인류는 식물, 동물, 광물 등 자연계에 존재하는 모든 물질에서 의약품을 찾아내 왔어요. 이러한 지식은 개인적인 경험에서 시작해 구전으로 내려오다 글과 책으로 만들어졌죠.

가장 오래된 약학도서가 중국에 있어요. 기원전 2,740년경 전설 속의 왕인 신농은 자신의 몸으로 실험하면서 약이 되는 식물들을 가려냈다고 해요. 그 내용을 정리한 책이 바로 『신농본초경』이에요. 이 책의 원본은 소실되었지만, 계속 복사되어 한방약의 원전으로 오랫동안 전해져 내려왔어요.

고대 이집트에서도 비슷한 책이 편찬되었어요. 기원전 1,550년에 쓴 파피루스 문서에는 700종류 정도의 의약품에 대해 기술되어 있어요. 이집트에서는 미라를 만드는 행위가 성행했기 때문에 부패 방지의 관점에서도 의약품의 수요가 컸을 거예요.

과거에 미라는 이집트의 효자 수출품이었고, 미라를 사는 큰손이 에도시대의 일본이었다고 해요. 일본 사람들은 미라를 수입해 무엇에 썼을까요? 미라를 부수어 분말로 만든 뒤 '만병통치약'으로 사용했다고 합니다. 미라에 스며든 방부제가 대체 어떤 약효를 낸다고 생각했던 걸까요.

신농은 전설 속 인물로,
실제로 존재했는지는 알 수 없습니다.
『신농본초경』은 수많은 사람들의 지식을 모아
정리한 책이라고 추정하고 있습니다.

의사의 사명과 윤리를 기록한
'히포크라테스 선서'는 너무나 유명합니다.

기원전 460년경 고대 그리스에서 태어난 철학자 히포크라테스는 매우 유명한 인물이에요. 의학의 아버지라고 칭송받는 그는 의약품에도 능통해 수백 가지 의약품의 약효를 정리했다고 해요.

10세기 무렵 이슬람 문화가 번성하며 아라비아 의학과 약학 역시 발전했어요. 아라비아 사람들이 정리한 의학 지식은 르네상스 시기에 유럽으로 퍼져 박물학자와 연금술사들에 의해 더 발전했고, 이것이 바로 현대의 약학과 화학의 기초라고 여겨지고 있어요. 연금술사라고 하면 사기꾼 같은 느낌이 들 수도 있겠지만 그들이 현대 화학을 비롯한 과학에 공헌했다는 사실은 마땅히 인정받아야 해요.

🔵 독과 약은 한 끗 차이

'의식동원'이라는 말이 있죠. 모든 음식은 의약품이라고 생각할 수 있다는 뜻이에요. 자연계에는 그만큼 많은 천연 의약품이 있기도 하고요. 그러나 어떤 천연 의약품은 동시에 독이기도 하니 주의해야 합니다.

교겐(일본의 대표적인 전통 희극. - 옮긴이)의 공연 레퍼토리 중 하나인 「부자(附子)」에 나오는 '부자'는 투구꽃의 독이에요. 투구꽃은 보라색을 띠는 아름다운 꽃이지만, 식물체 전체에 독이 있어요. 특히 뿌리 부분의 독이 강력하죠. 이 뿌리는 덩이줄기로, 작은 덩어리가 생기면서 늘어나는 모양이에요. 그 모습이 마치 아이가 주렁주렁 붙은 것 같아 부자라는 이름이 붙었다고 해요.

부자는 이요만테 축제에서 아이누족이 곰을 사냥할 때 화살에 바르는 독으로도 유명해요. 다양한 민족이 각자만의 화살독을 사용해요. 자신들을 굶주림에서 구할 사냥감을 잡기 위한 중요한 독이기 때문에 그 민족이 가장 잘 아는 강력한 독을 사용합니다. 동북아시아 지역에서는 그 독이 바로 부자였어요.

그런데 한방약에서 부자는 강심제로 사용돼요. 많이 먹으면 죽음에 이르고, 의사의 지도에 따라 극소량만 복용하면 약효가 나서 심장이 잘 뛰게 하는 데 도움이 됩니다. 독과 약은 한 끗 차이가 맞죠? 사용량이 매우 중요해요.

현대 약학에서도 자연에서 발견되는 독의 약효에 주목하고 있어요. 그 독성이 강력할수록 강력한 약효를 낼 가능성이 있어요. 과학자들은 많은 독을 조사하고 있는데, 최근 주목받고 있는 독은 청자고둥과(청자고둥과에 속하는 모든 복족류. - 옮긴이)예요. 청자고둥과는 코노톡신이라는 강력한 독을 가지고 있어요. 수많은 변종이 있고 아직 다 밝혀지지 않았어요. 밝혀진 독 중에는 진통 효과가 모르핀의 1,000배나 되는 독도 있는데, 이것이 의약품으로서 인가받았다고 해요. 앞으로의 연구가 기대됩니다.

🔎 영국 수상을 구한 항생물질

현대의 천연 의약품이라고 하면 항생물질을 첫 번째로 꼽을 수 있어요. 천연 항생물질은 미생물이 다른 미생물들의 생존을 방해하기 위해 내뿜는 물질이에요.

항생물질은 종류가 다양해요. 유명한 것으로는 1928년 알렉산더 플레밍이 푸른곰팡이에서 발견한 페니실린이 있어요. 페니실린은 제2차 세계대전

말, 폐렴으로 쓰러진 영국 총리 처칠을 구했다는 전설과 함께 전 세계로 퍼져나갔어요.

이후 전 세계 과학자들은 세균들이 내뿜는 항생물질을 찾기 위한 연구를 진행했고 스트렙토마이신, 카나마이신 등 많은 종류의 항생제가 발견됐어요. 그러나 그중에는 부작용을 일으키는 물질도 있었죠. 스트렙토마이신은 결핵 치료에 특별한 효험이 있었지만 부작용 사례로 청각 장애가 보고되었거든요.

항생제(미생물이 만든 항생물질을 약으로 조제한 것. – 옮긴이)의 가장 큰 문제는 바로 내성균의 출현입니다. 내성균이란 어떤 약에 대한 내성이 있어 약효가 잘 듣지 않는 세균을 말해요. 그러면 그 항생제는 약 효과를 잃게 됩니다. 내성균으로 만들지 않으려면 항생물질을 지나치게 많이 쓰지 않아야 해요. 이미 내성균이 생겨 버렸다면, 화학적으로 항생물질의 분자 구조 일부를 바꿀 수도 있어요. 그러면 내성균은 이것이 새로운 항생물질이라고 착각(?)해요. 세균이란 의외로 순진한 존재네요.

생명을 구하는 인류의 지혜

인위적으로 합성해 만든 의약품을 자연에 존재하는 천연 의약품과 대비해 합성 의약품이라고 합니다. 천연 의약품을 주로 사용한 동양의학과 비교하여, 합성의약품은 서양의학의 상징으로 여겨져 왔어요. 우리가 일상적으로 사용하는 의약품은 대부분 합성 의약품이에요. 그 종류는 다양하지만 여기서는 아스피린에 대해 알아볼게요.

🔵 아스피린의 탄생

1899년 독일의 바이엘 사(社)가 개발하고 판매한 해열진통제 아스피린은 약 120년 정도의 역사를 자랑합니다. 그렇다고 시대에 뒤처진 낡은 약제라는 뜻은 아니에요. 미국에서는 1년에 무려 1만 6천 톤의 아스피린이 소비되고 있다고 해요. 아스피린의 천국이라고 해도 되겠네요.

아스피린은 합성 의약품이긴 하지만, 천연 의약품을 모방해 만든 약제예요. 에도시대 일본 사람들은 충치 때문에 이가 아프면 버드나무 가지를 씹었는데, 진통 효과가 있기 때문이었어요. 또한 버드나무 가지의 끝을 잘라 솔 모양으로 만들어 칫솔로 사용하기도 했죠.

버드나무의 약효를 알고 이용한 건 일본인만이 아닙니다. 그리스의 히포크라테스도 버드나무의 약효에 관해 기록했고, 불교에서 약사보살은 한 손에 버드나무 가지를 쥐고 있어요.

19세기 프랑스에서 이처럼 널리 쓰이던 버드나무의 약효에 관한 화학적 연구가 진행되었어요. 그 결과 살리신이라는 유기 화합물이 발견되었죠.

🄃 버드나무에서 얻은 최초의 합성 의약품

　살리신은 자연에서 흔히 발견되는 물질로, 중심 분자에 당이 결합한 '배당체'의 형태를 하고 있어요. 살리신은 매우 써서 삼키기 힘들어요. 살리신에서 당을 떼어내도록 반응시켰더니, 중심 분자가 산화되어 살리실산이라는 물질을 얻게 되었습니다.

　살리실산을 임상 실험한 결과, 살리신과 마찬가지로 해열 진통 작용이 있음이 증명되었어요. 그런데 중대한 결점이 발견됐어요. 다름이 아니라 산성이 너무 강해 마시면 위에 구멍이 뚫린다는 것이었어요. 열을 내리려다 세상을 하직하게 되면 소용이 없겠죠. 그래서 살리실산을 아세트산[CH_3COOH]으로 처리해서 하이드록시기[$-OH$]를 막았어요.

아스피린은 개선에 개선을 거듭해 만든 진통 해열제입니다. 파스는 살리실산의 유도체이지만 살리실산에서 직접 얻을 수는 없습니다.

이 아세틸살리실산은 아스피린이라는 상품명으로 시판되었어요. 합성 의약품이 거의 없었던 20세기 초반, 사람들은 아스피린의 효과에 몹시 놀랐을 겁니다. 이후 아스피린은 날개 돋친 듯이 팔렸어요.

🜂 망국병 폐결핵을 극복하다

일본 에도시대에 '노해(기침을 한다는 뜻. - 옮긴이)'라고 불렸던 폐결핵은 불치병으로 공포의 대상이었어요. 치료제가 없었기 때문에 병에 걸리면 영양가 있는 음식을 먹고 체력을 길러 자연 치유되기를 기다리는 수밖에 없었어요. 가난한 사람은 꼼짝없이 죽는 날만 기다릴 수밖에 없는 비참함을 겪어야 했죠.

20세기에 들어서도 상황은 나아지지 않았어요. 동화작가이자 시인인 미야자와 겐지의 집안은 유복했지만 '결핵 환자를 배출하는 집안'이라고 동네에 소문이 자자했어요. 결핵은 유전성이 있는 질병이 절대 아니지만, 전염병이기 때문에 가족 중 결핵 환자가 있으면 다른 가족도 병에 걸리게 돼요. 이 때문에 마을 사람들은 겐지의 집 앞을 지날 때는 코를 막고 뛰어 지나갔다고 합니다.

겐지의 여동생 도시는 24살의 젊은 나이에 결핵으로 사망합니다. 겐지는 「영결의 아침」이라는 시에 그 슬픔을 담았습니다. 죽음에 다다른 도시는 겐지에게 부탁합니다.

(진눈깨비를 떠다 주세요)
죽음이 다가온 이 순간에
나를 한평생 맑게 하기 위해
이렇게 산뜻한 눈 한 그릇을
너는 나에게 부탁하는구나.
고맙구나. 나의 착한 누이여.

일본에도 이런 슬픈 이별이 있었던 시절이 있었습니다.

이런 암울한 현실을 벗어나게 도운 것이 항생물질인 스트렙토마이신과 합성 의약품 파스였어요. 파스의 화학명은 파라아미노살리실산으로 결핵균의 발육을 억제하는 역할을 하죠. 101쪽 그림을 다시 보면 알 수 있겠지만, 살리실산에 아미노기[-NH₂]가 추가된 것이에요. 파스는 세계대전이 끝나고 얼마 지나지 않은 1945년에 발매되었어요. 수많은 결핵 환자가 파스 덕분에 사회로 복귀할 수 있었습니다.

🜂 인류를 돕는 살리실산 가족

살리실산으로 만든 의약품은 아스피린과 파스뿐만이 아니에요. 101쪽 그림에서 잠깐 봤지만, 살리실산에 메탄올[CH_3OH]을 처리하여 만든 살리실산메틸은 소염진통제로 유명해요.

또한 살리실산 그 자체도 쓰임새가 많아요. 우선 방부 작용을 하기 때문에 식품을 제외한 물건에 방부제로 쓰일 수 있고, 피부를 연화시키는 작용이 있어서 사마귀 제거용 약으로 쓰이기도 해요. 방부 작용과 피부를 연화시키는 작용을 활용한 기능성 화장품도 개발되어 출시되고 있습니다.

'살리실산 가족'은 이처럼 우리의 일상생활에 깊이 침투해 있어요.

인류의 친구 카페인과 알코올

차, 커피, 술 등은 바쁜 일상생활 속 여유를 즐길 때 빠질 수 없는 물질이에요. 차와 커피 그리고 술에는, 다른 음료에서는 찾아볼 수 없는 특별한 유기 화합물인 카페인 혹은 알코올이 들어 있어요.

⬡ 문화를 바꾼 차(茶)

일본에 지금과 같은 다도 문화가 성립한 시기는 히가시야마 문화(무로마치시대의 제8대 쇼군인 요시마사 대에 형성된 문화. – 옮긴이) 무렵이었습니다. 그전까지 일본인들이 즐겨 마셨던 차는 연차(碾茶), 즉 햇볕을 차단하여 재배한 찻잎으로 만든 차였어요.

지배층만 즐길 수 있었던 고급 음료

최초의 차는 먼 옛날 나라시대에 당나라에 파견된 사절단이 가져왔다고 해요. 당시 차는 매우 귀해서 승려나 귀족계급의 사람들만 마실 수 있었죠. 이 무렵의 차는 단차(団茶) 혹은 병차(餠茶)로 불리며, 찐 찻잎을 절구에 찧은 후 건조시켜 굳힌 것이었어요. 차를 마실 때는 단차의 표면을 불로 그을려 가루로 만든 뒤, 뜨거운 물을 넣고 끓이면서 소금과 파 혹은 박하 등을 넣어 맛을 냈어요. 현재의 차와는 상당히 다르죠.

가마쿠라시대에 이르러 임제종의 개조(한 종파의 원조(元祖)가 되는 사람. – 옮긴이)인 에이사이가 송나라에 건너가 선종을 공부했는데, 당시 선종 사원에서 차를 마시는 문화가 성행했어요. 그는 일본으로 귀국한 후 1214년에 과음하는 버릇이 있던 미나모토노 사네토모(源實朝) 쇼군에게 약으로써 차를 올렸다고 해요.

지금은 차를 만들 때 찻잎을 찐 뒤 손으로 비빈 후 건조시키는데 이를 전
차(煎茶)라고 불러요. 하지만 이 무렵의 차는 앞서 말했듯이 연차라고 불린
차로, 손으로 비비지 않는 대신 찐 찻잎을 손으로 굴려 덩어리로 만들어 굳
힌 후 건조시킨 것이에요. 마실 때는 적당히 잘라내거나 부순 뒤 뜨거운 물
에 달여 '거품기'로 거품을 내어 마셨다고 하니 현대의 말차와 비슷하죠.

차의 '정신'을 개혁하다

일본에서 차는 단순한 마실거리를 넘어서 일본 문화를 이끌어 가는 매우
특수한 음료예요. 처음에는 승려와 귀족계급만의 특권으로 독점되었던 차
는 가마쿠라시대에 접어들어 선종 사원에 퍼졌고, 사교의 도구로 무사 계급
에도 침투되었습니다. 그리고 남북조시대에 이르러서는 차를 마시고 그 산
지를 맞히는 놀이가 유행했어요. 당시 쇼군이었던 아시카가 요시미쓰 장군
은 차를 좋아해 지원을 아끼지 않았다고 해요. 이처럼 차를 아끼는 정신은
도요토미 히데요시에게도 계승되었어요.

중요하게 다루어야 할 사람은 15세기 후반에 등장한 승려 무라타 주코예
요. 그는 그동안 차를 향락의 도구로 여겼던 사람들의 정신을 개혁한 장본
인입니다. 그는 와비차(간소함과 소박함을 추구하는 일본 특유의 다도. – 옮긴
이)라는 개념을 만들었고, 이를 다케노 조오와 센노 리큐가 계승해 현대로
이어지는 다도가 완성되었어요. 그러나 다도를 확립하는 데 기여한 사람 중
에는 무장답고 호탕한 다이묘 차를 추구한 후루타 오리베 같은 관행을 깨
는 사람도 있었어요. 현재 일본에는 다도로 유명한 가문들이 존재하고, 각
가문은 자신들 고유의 다도 전통을 지키고 후대에 전하고 있어요. 각 가문
사람들은 강한 의지로 이 '이에모토 제도'를 고수하고 있죠.

사교 도구이자 졸음을 쫓는 홍차

차가 문화에 영향을 끼친 것은 중국과 일본만이 아니에요. 영국에서도
차 문화가 번성했습니다. 영국에서 즐겨 마셨던 차는 찻잎을 따서 비비고
발효시킨 홍차예요. 찻잎을 실은 배가 영국으로 항해하는 동안 찻잎이 발효

되어 홍차가 되었다는 설도 있는데, 한번 차를 찌면 효소가 변형되어 작용하지 않아 발효도 되지 않으니 사실이 아닐 가능성이 큽니다.

홍차는 영국의 상류층에서는 사교 도구로, 서민 계급에서는 졸음을 쫓아내는 수단으로 유행했다고 해요. 홍차를 마시기 위한 도구인 찻잔 · 티 포트 · 슈가 포트 · 밀크 포트가 발달하는 과정에서 로열 덜튼, 헤렌드, 마이센 등 유럽의 명품 도자기들이 탄생했죠. 현재의 아름다운 도자기 문명의 초석이 되었다고 할 수 있겠네요.

인류를 지배하는 유기 화합물, 카페인

녹차, 홍차, 커피, 콜라 등에는 카페인이 함유돼 있어요. 카페인은 중추신경에서 작용하는 물질로 사람을 각성시키거나 흥분시키기도 해요. 카페인은 건강에 좋은 면도 있지만 과잉 섭취하면 몸에 해롭습니다.

좋은 면부터 살펴볼게요. 졸음을 쫓고 작업 효율을 높여 주며, 혈액의 흐름을 좋게 하여 피로 해소에도 도움이 됩니다. 또한 혈관 수축 작용이 있기 때문에 두통 완화에도 도움이 되죠. 시판되는 두통약이나 진통제에 카페인이 들어 있는 경우도 있어요.

한편 해로운 면으로는, 우선 위액의 분비를 촉진하는 작용이 있기 때문에 위를 망가뜨릴 수 있다는 점을 꼽을 수 있어요. 공복에 마시는 카페인 음료는 피하는 게 좋겠죠. 카페인에는 철분과 아연 등의 미네랄 흡수를 방해하는 성질이 있으니 빈혈로 고생하고 있다면 너무 많이 마시지 않도록 주의해야 하죠. 카페인은 흥분제의 일종이기도 합니다. 너무 많이 마시면 쉽게 잠들지 못해 수면의 질이 떨어질 수 있어요. 약하지만 의존성도 있기 때문에 무리하게 끊으려고 하면 금단 증상이 나타날 수도 있다고 해요.

◎ 골치 아픈 탄소 왕국의 국민, 알코올

맥주, 와인, 고량주, 사케 등 술이라고 불리는 것에는 반드시 에탄올 [CH_3CH_2OH]이 들어 있어요. 일반적으로 알코올이라고 부르죠. 술에 들어 있는 알코올의 양은 부피를 기준으로 계산(용질의 부피를 용액의 부피로 나

눈다. - 옮긴이)한 후 퍼센트로 나타내며 이를 '도수'라고 합니다. 사케는 15도(알코올이 15%)고, 위스키는 45도(알코올이 45%)나 돼요.

술은 적당히 마시면 건강에 좋다는 말도 있으나, 과음하면 숙취가 생기고 알코올 중독이나 간경화가 발생하는 등 연쇄적으로 곤란한 상태가 되어버립니다. 탄소 왕국이 골치 아픈 국민을 파견했다고 생각하는 독자가 있을지도 모르겠네요.

숙취는 독성 반응이다?

기분 좋게 마시는 술도 지나치면 다음 날 아침 큰코다칩니다. 바로 숙취 때문인데요. 숙취는 왜 일어나는 걸까요?

술을 마시면 체내에 알코올이 들어가는데 알코올은 산화 효소에 의해 산화되어 아세트알데하이드로 바뀝니다. 아세트알데하이드는 산화 효소에 의해 더욱 산화되어 아세트산으로 변신하죠. 최종적으로는 이산화 탄소와 물이 되어 몸 밖으로 배출돼요.

문제는 이 중간에 낀 아세트알데하이드예요. 아세트알데하이드는 유해 물질로서 숙취를 일으키는 주범이죠.

숙취를 방지하기 위해서는 아세트알데하이드를 즉시 산화시켜 아세트산으로 만들면 돼요. 그러기 위해서는 산화 효소가 필요합니다. 그러나 사람이 만들 수 있는 효소의 양은 유전이 결정해요. 다시 말해 부모가 가진 산화 효소가 적다면 자녀도 산화 효소가 적을 확률이 매우 높아요. 부모님의 주량이 약하다면 무리하게 마시지 않는 편이 현명하겠죠?

양심 없는 사람들과 메탄올

메탄올[CH_3OH]은 메틸알코올이라고도 불리며 분자 구조는 에탄올과 비슷합니다. 맛도 에탄올과 비슷해 마시면 에탄올과 마찬가지로 취합니다.

에탄올에는 높은 주류세가 부과되지만 메탄올은 마시는 용도가 아니기 때문에 주류세가 부과되지 않아요. 그래서 나쁜 사람들이 합성주에 에탄올이 아닌 메탄올을 넣는 경우가 있어요. 간혹 신문을 보면 '인도에서 메탄올

중독으로 수십 명의 사망자가 나왔다'라는 뉴스를 접할 수 있어요. 비슷한 사건이 제2차 세계대전 직후의 일본에서도 일어난 적이 있는데, 당시 '메탄올을 마시면 눈이 멀어 죽는다'라는 말이 떠돌았어요. 그런데 왜 눈이 머는데 그것 때문에 죽는 걸까요?

메탄올을 마시면 에탄올과 마찬가지로 산화 효소에 의해 산화되어 포름알데하이드로 바뀌고, 더욱 산화되면 포름산으로 변해요. 최종적으로는 이산화 탄소와 물이 되어 몸 밖으로 배출됩니다. 이 포름알데하이드와 포름산이 맹독이에요. 앞서 살펴봤듯이 포름알데하이드는 새집증후군의 원인으로도 유명하죠. 그렇기 때문에 숙취로 끝나지 않고 죽음에 이르게 되는 것이에요.

그게 눈과 무슨 상관일까요? 눈 세포에 그 이유가 있어요. 눈 세포에는 레티날이라 불리는 일종의 알데하이드가 함유돼 있어요. 레티날에 빛이 닿으면 분자의 형태가 변화하고, 그 변화를 시신경이 느끼고 뇌에 정보를 전달해요.

레티날은 색깔 채소에 많이 들어 있는 카로틴으로 만들 수 있어요. 카로틴이 체내에서 산화되면 알코올의 일종인 비타민 A(레티놀)로 바뀌고, 그것이 더 산화되면 레티날이 되는 것이지요. 즉, 우리가 시력을 가지기 위해서는 산화 효소가 필요해요. 그러므로 눈 세포 주위에는 산화 효소가 특별히 많이 있어요.

그렇다면 메탄올을 마셨을 때 체내에서 무슨 일이 일어나는지 알 수 있겠죠? 메탄올이 혈류를 타고 체내를 이동하다가 산화 효소가 많은 눈 주위에 도달했을 때 산화되면서 맹독 포름알데하이드로 바뀌어 눈에 심각한 피해를 주는 거예요.

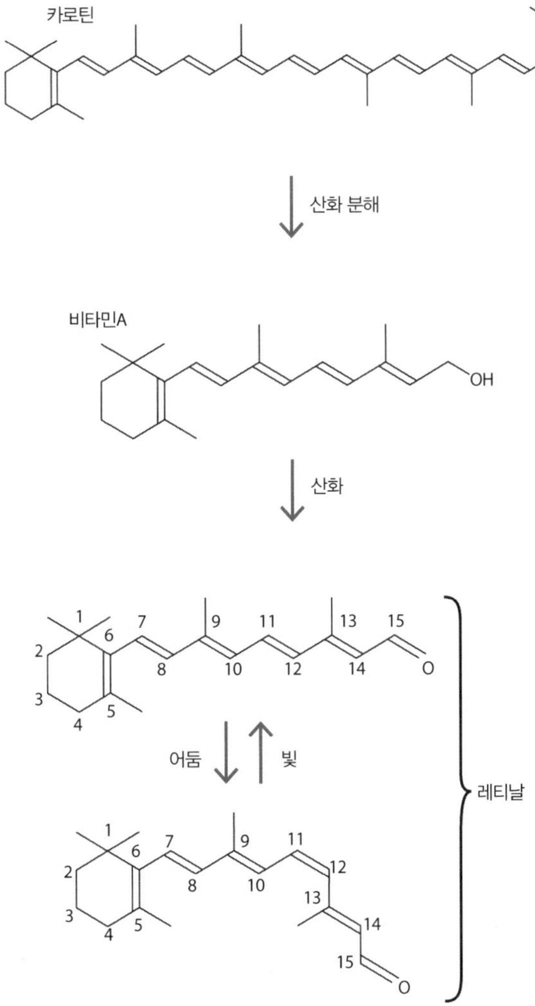

카로틴

↓ 산화 분해

비타민A

↓ 산화

어둠 ↓ ↑ 빛

레티날

카로틴이 산화하면 비타민 A로 바뀌고, 더욱 산화되면 레티날이 됩니다. 눈 세포의 레티날에 빛이 닿으면 분자 모양이 변형되고, 이 변화를 시신경이 느끼고 뇌에 정보를 전달합니다.

인류를 매혹하는 향기와 냄새

장미 향기는 왜 장미 '향기'고 마늘 냄새는 왜 마늘 '냄새'일까요? 무엇이 향기이고 무엇이 냄새인지는 몰라도, 코가 느끼는 감각은 우리의 상상력을 자극하고 매혹합니다. 그럼 향기나 냄새가 나는 원인은 무엇일까요? 물론 분자입니다. 그것도 대부분 유기 화합물이죠.

◯ 인간의 후각은 고성능 센서

인간의 오감은 시각·청각·후각·미각·촉각이에요. 이 중에서 비슷한 감각은 후각과 미각이죠. 둘 다 인간의 감각기와 분자 결합으로 생기는 화학 반응이기 때문이에요. 미각은 맛 분자와 혀에 있는 맛 세포의 반응이고, 후각은 냄새 분자와 코에 있는 후각 세포의 반응이에요.

미각과 후각의 차이는 그 감각을 일으키는 데 필요한 분자의 개수에 있어요. 냄새는 맛보다 훨씬 적은 수의 분자로 감각기를 흥분시킬 수 있거든요. 이 차이는 분자의 차이에 있지 않고, 감각기의 감도와 정밀도에서 비롯해요. 옛날 원시 시대에는 청각과 후각을 활용해 해로운 짐승이 접근하는 것을 알아차려야 했으니까요. 적은 분자를 민감하게 느끼는 것, 이는 후각의 사명이었을 거예요.

앞으로 보게 될 제5장에 등장하는 마약을 투여하는 방법은 다음과 같아요.

① 물 등에 녹여 마시기

② 혈관에 직접 주사하기

③ 가루를 코로 들이마시기

이 중 가장 효과적인(?) 방법은 세 번째 방법이에요. 그 이유 중 하나는 코의 위치가 뇌에서 중심 역할을 하는 해마 영역에 가깝기 때문이라고도 하죠.

🔷 여전히 수수께끼가 많은 '향료의 화학'

향기를 내는 물질인 향료는 종류도 많고 그 구조도 다양해요. '어떤 분자 구조에서 어떤 향기가 날까?'라는 질문은 화학자에게 흥미를 불러일으키는 과제지만, 아직 알 수 없는 것들이 너무나 많아요.

거의 같은 모양의 분자가 하나는 냄새가 나는데 하나는 아예 나지 않을 때도 있고, 전혀 관계없는 분자가 같은 냄새를 내는 경우도 얼마든지 있어요. 다음 그림을 봅시다. 분자 8개는 각각 다른 분자인데, 차이를 알아볼 수 있나요?

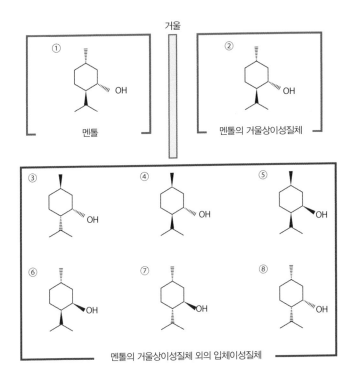

앞서 56쪽 2-4에서 본, 비대칭 탄소에 따라 발생하는 입체이성질체들이에요. 이 많은 분자들 중 박하 냄새가 나는 분자는 ①번뿐이에요. 분자 구조의 근소한 차이가 냄새에 영향을 미친다는 것을 잘 보여주는 좋은 예시입니다.

수컷 사향노루가 내는 사향의 향은 최고의 향기로 여겨져요. 그 냄새 분자인 무스콘의 구조는 다음 그림과 같이 매우 단순해요. 쉽게 설명하면, 탄소 15개로 된 고리 화합물에 산소[O]와 메틸기[-CH₃]가 붙었을 따름이죠. 여러 유사체를 합성해 냄새를 맡았더니, 사향 냄새는 메틸기가 없는 것이 더 강했다고 합니다. 또한 고리의 크기를 변화시켰더니 15원환($n=12$)이 가장 강한 사향 냄새를 풍겼어요. 이는 '비슷한 구조의 분자는 비슷한 냄새를 풍긴다'의 좋은 예시예요.

무스콘의 분자 구조입니다. 무스콘과 유사한 구조의 분자에서는 사향 냄새가 납니다.

고리의 크기에 따른 냄새의 강도

n	10	11	12	13	14	15
냄새	약	약	최강	강	약	약

그러나 다음 113쪽의 그림과 같은 분자 X가 사향 냄새를 풍긴다면 어떨까요? 무스콘과 분자 X 사이에는 화학적으로 아무런 맥락이 없는데 냄새는 똑같다는 것입니다. '누명'을 씌운 것일지도 모르겠으나 벤젠 고리와 나이트로기[-NO₂]를 가진 분자 X는 발암물질이 아닐까 하는 의심도 드네요.

분자 X의 분자 구조입니다. 무스콘을 들이마셔 무릉도원을 헤매는 것은 괜찮겠지만 분자 X를 들이마시면 발을 헛디뎌 끝없는 구렁텅이에 빠질 것 같은 느낌입니다.

🍃 인류의 혀를 사로잡는 조미료의 화학

음식의 기본 네가지 맛은 단맛·신맛·짠맛·쓴맛인데, 여기에 감칠맛을 더해 다섯 가지로 꼽기도 해요. 감칠맛은 일본 화학자의 연구 덕분에 발견되었어요.

감칠맛을 내는 중심 분자는 다시마에 함유된 아미노산인 글루탐산이에요. 이것이 아지노모토(味の素)라는 이름으로 나와 세계적으로 유명해졌죠. 이후 가다랑어포에 있는 이노신산과 조개에 함유된 석신산 등도 감칠맛을 낸다고 알려졌어요. 최근에는 지방맛도 감칠맛에 추가해야 한다는 의견도 나오는 것 같습니다.

발효 조미료

모든 나라에 특유의 조미료가 있지만 일본에는 발효를 통해 만든 발효 조미료가 많습니다. 간장, 식초, 된장, 맛술 등이 있어요. 발효로 만들지 않는 조미료는 설탕 정도가 있겠네요. 앞서 이야기했던 글루탐산나트륨도 발효해 만들고 있어요.

발효는 미생물이 일으키는 화학반응이에요. 미생물이 생산하는 효소가 특정 물질을 분해시키고 화학 반응을 일으켜 새로운 물질을 만들어 내는 것이 발효예요. 이때 해로운 물질이 발생하기도 하는데 이를 부패라고 부르죠.

유익한 발효는 주로 알코올을 생성하는 효모, 유산을 생성하는 유산균이 일으켜요. 특히 유산균이 생성하는 유산은 해로운 미생물을 없애는 유익한 일을 하기도 하죠. 일본에서는 술을 만들 때 주로 효모를 사용하지만 유산균을 사용하기도 해요. 야마하이지코미(山廃仕込み)란 유산균을 이용해 제조한 주류를 가리키는 말이에요.

매운 맛 대결!

사천 요리의 매운맛과 초밥의 필수품 와사비까지, 요리에서 매운맛은 빼놓을 수 없는 중요한 맛이에요. 그런데 매운맛은 사실 맛이 아니에요. 즉 미각이 아니라 통각입니다.

스코빌 지수는 매운맛을 나타내는 단위예요. 다음의 표에 몇 가지 매운 물질의 값을 나타냈어요. 수치가 높을수록 더 매운 맛이죠.

향신료의 스코빌 지수 비교

매운 물질	주요 생산지	스코빌 지수
캐롤라이나 리퍼	인도네시아	3,000,000
부트 졸로키아	방글라데시, 인도	1,000,000
하바네로	멕시코	100,000~350,000
섬고추	일본(오키나와)	50,000~100,000
다카노쓰메	일본	40,000~50,000
타바스코	멕시코, 미국	30,000~50,000

일본 다카노쓰메의 스코빌 지수는 5만입니다. 맵기로 유명한 하바네로는 35만으로, 다카노쓰메의 7배에 달합니다. 가장 매운 물질은 300만. 일본의 맵기는 귀여운 수준입니다.

제Ⅱ부 생명체를 지배하는 탄소 왕국

일본인은 고추나 와사비 모두 똑같이 '맵다'라고 표현하지만, 외국인 중에는 와사비는 매운맛과 다른 감각이라고 주장하는 사람도 있어요. 무슨 말인가 하면, 혀에서 느껴지는 고추의 매운맛과 코에서 찡하며 느껴지는 와사비의 매운맛은 다르다는 거예요. 감각을 과학으로 설명하기가 참으로 어렵네요.

와사비의 향 성분 분자는 휘발성이 높기 때문에 장기간 보존하는 와사비 반죽은 향이 금방 빠져 버려요. 그 문제를 해결하고자 초분자 화학을 응용했습니다. 앞으로 계속 이야기하고 8장에서 본격적으로 설명할 테지만, 초분자는 분자들이 모여서 생성된 고차 구조체예요. 분자 위의 분자라서 초분자(supramolecule)라고 이름을 붙였어요.

간단한 구조의 초분자에서는 2개의 분자가 모이는데, 이 둘은 알기 쉽게 말하자면 호스트와 게스트의 관계예요. 그래서 초분자를 호스트-게스트 복합체라고도 합니다.

와사비의 경우, 와사비 향 분자가 대접받는 게스트예요. 대접하는 호스트는 욕조 모양의 분자인 사이클로덱스트린이고요. 향 분자는 이 욕조 안에 푹 잠겨 외부 세계로 날아갈 의욕(?)을 잃어버립니다.

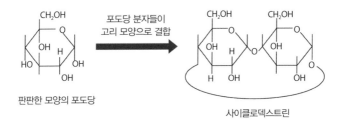

판판한 모양의 포도당

포도당 분자들이 고리 모양으로 결합

사이클로덱스트린

판이 고리를 형성해 통 모양의 구조를 이룬다.

인류가 끊임없이 원했던 단맛

헤이안시대에 살았던 작가 세이 쇼나곤은 수필집 『마쿠라노소시』에서 '훌륭한 음식은 금속제 그릇에 깎은 얼음을 넣고 아마즈라를 뿌린 것'이라고 설명했어요. 아마즈라는 담쟁이덩굴에서 나오는 달콤한 수액이에요. 그러니까 요즘으로 치면 빙수와 같은 음식이죠. 당시에는 고급 음식이라서 서민들에게는 그림의 떡이었겠지요.

시대와 상관없이 모든 인간은 단 것을 좋아했어요. 지금은 단맛 하면 설탕을 떠올리겠지만 설탕이 없던 시대에는 어떻게 단맛을 확보했을까요? 걱정할 필요가 없습니다. 단맛은 설탕에만 있지 않거든요. 아마즈라, 꿀, 과실, 곶감, 엿 등 얼마든지 있습니다.

현대에는 이러한 천연 감미료(단맛을 느끼게 하는 조미료를 통틀어 감미료라고 한다. - 옮긴이) 이외에 인공 감미료가 많이 만들어지고 있어요. 최초의 합성 감미료는 1878년에 개발된 사카린입니다. 사카린은 설탕보다 수백 배나 달기 때문에 제1차 세계대전 중 단맛에 굶주린 유럽인들 사이에서 일약 스타가 되었어요. 이어서 등장한 인공 감미료에는 둘신(설탕의 약 250배), 치클로(설탕의 약 50배)가 있습니다. 그러나 이후 이 인공 감미료들의 독성이 문제가 되었고, 둘신은 사용이 금지되었죠.

인공 감미료 연구는 이후 크게 진보했어요. 현재는 아스파탐(설탕의 약 200배), 아세설팜칼륨(설탕의 약 250배), 수크랄로스(설탕의 약 600배) 등이 주목받고 있죠.

그러면 현재 알려진 물질 중에서 가장 단 물질은 무엇일까요? 바로 루그두나메(Lugduname)입니다. 아직 실용화 전이라 아는 사람이 거의 없는 감미료로, 이 감미료가 내는 단맛은 그야말로 '장난 아니다'라는 표현이 딱 맞아요. 무려 설탕의 30만 배라고 해요!

사카린

둘신

치클로

아스파탐

아세설팜칼륨

현대인들은 다이어트에 관심이 많아 칼로리가 높은 천연 감미료보다 칼로리가 낮고 단맛이 강한 인공 감미료를 선호하는 경향이 있습니다.

수크랄로스

설탕보다 600배 달콤합니다.

루그두나메

설탕보다 30만 배나 달콤합니다. 하지만 아직 독성 여부가 불분명해 실용화하지 않았습니다.

carbon

제5장

탄소 왕국에서 온 저승사자

탄소 왕국에는 무서운 국민도 있습니다. 바로 독극물이에요. 식물, 동물, 광물 등 종류도 다양하죠. 심지어 항상 즐거워야 할 식탁에 올라가는 음식에도 독이 든 것이 있어요. 인류는 오랜 역사 속에서 독극물을 피하고, 독을 없애는 방법을 배워 왔습니다.

'독'이란 대체 무엇일까

　탄소 왕국에는 사람의 목숨을 앗아 가는 국민이 있어요. 바로 독극물입니다. 생명을 구해 주는 의약품과는 완전히 반대죠. 독극물은 무서운 물질이지만, 4장에서 이야기했듯이 어떻게 사용하느냐에 따라 중요한 의약품이 되기도 해요.

　독극물은 사람의 마음을 읽고 항상 그림자처럼 우리를 따라왔어요. 독극물이 무서운 이유는 독극물 그 자체에 원인이 있다기보다는 그것을 사용하는 인간의 마음이 무섭기 때문이 아닐까요?

◯ 세상의 모든 물질은 독이다?

　사람의 건강을 해치고 목숨을 갉아 먹는 물질을 독극물이라고 해요. 음식이 독은 아니지만, 그것이 '정말 무해한가?' 하고 묻는다면 꼭 그렇다고는 대답할 수 없습니다.

　어떤 음식이라도 과하게 섭취하면 건강에 해로워요. 설탕도 너무 많이 섭취하면 당뇨병에 걸려 수명을 갉아 먹죠. 이런 사례도 있어요. 2007년 미국에서 물 마시기 대회가 열렸는데, 준우승한 여성이 귀가 후 사망했어요. 사인은 물 중독이었습니다. 세포의 전해질 균형이 무너져 삼투압에 이상이 생겨서 벌어진 비극이에요. 그러나 설탕과 물을 독극물이라고 생각하는 사람은 없을 거예요.

　그리스 격언 중 '양(量)이 독을 만든다'라는 말이 있어요. 어떤 물질이라도 대량으로 섭취하면 해가 된다는 의미죠. 바꿔 말하면, 독극물이란 소량만으로 사람의 목숨을 앗아갈 수 있는 물질을 말합니다. 다음 123쪽의 표는 독극물의 일반적인 기준을 표로 정리한 거예요.

제II부 생명체를 지배하는 탄소 왕국

치사량에 따른 독극물의 분류
(체중 1kg당, 경구 투여했을 경우)

분류	기준
무독	15g 초과
극소	5~15g
비교적 강력	0.5~5g
매우 강력	50~500mg
맹독	5~50mg
초맹독	5mg 미만

'체중 1kg당 15g보다 많이 섭취'했을 때 사망에 이를 경우 '무독'으로 분류합니다. 즉, 어떤 것이든 과다 섭취하면 독입니다.

◎ 검체의 절반이 죽는 '평균치사량 LD₅₀'

'이 정도의 양을 섭취하면 죽음에 이르게 한다'는 양을 치사량(LD: Lethal Dose)이라고 합니다. 치사량은 다양한 의미로 사용되지만, 정확한 정의는 평균치사량(LD_{50})이에요.

평균치사량의 측정

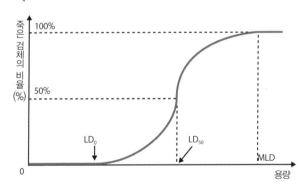

그래프는 보통 S자 곡선(시그모이드 커브)을 그립니다. MLD는 최소 치사량(Minimum Lethal Dose)으로, 검체가 무조건 죽게 되는 최소량을 뜻합니다.

평균치사량은 다음과 같이 측정합니다. 쥐 등 검체 100마리에 독극물을 소량씩 투여하면서 천천히 양을 늘려요. 양이 적을 때는 검체가 죽지 않지만(LD_0), 양이 조금씩 늘어날수록 죽는 검체가 생기기 시작해요. 그리고 어떤 양에 이르면 검체의 절반이 죽습니다. 이때의 독극물 투여량을 LD_{50}이라고 해요. 보통 그래프는 검체의 체중 1kg에 대한 양으로 환산해서 그려요. 그러므로 체중이 70kg인 사람이 죽으려면 그래프에 표시된 양의 70배가 필요한 셈이죠.

하지만 이는 사람이 아닌 쥐 등의 검체로 실험했을 때의 치사양이에요. 독극물에 대한 감도는 동물에 따라 다르기 때문에 어디까지나 참고치에 불과해요.

한편 다음 표는 강력한 순서대로 나열한 독극물 순위표입니다. 이 표에 소개된 독극물들은 바로 다음 꼭지에서 자세히 살펴볼게요.

독극물의 순위

순위	독극물	평균치사량 (μg/kg)	유래
1	보툴리눔 독소	0.0003	미생물
2	파상풍 독소 (테타노스파스민)	0.002	미생물
3	리신	0.1	식물(피마자)
4	팔리톡신	0.5	미생물, 물고기
5	테트로도톡신	10	동물(복어)/미생물
6	VX	15	화학 합성
7	다이옥신	22	화학 합성
8	아코니틴	120	식물(투구꽃)
9	사린	420	화학 합성
10	코브라 독	500	동물(코브라)
11	니코틴	7,000	식물(담배)
12	청산가리(KCN)	10,000	화학 합성

(단위 환산) 1000μg=1mg, 1000mg=1g

※ 출처: 후나야마 신지(船山信次), 「図解雑学 毒の化学 도해잡학독의 화학」, 〈ナツメ社〉, 2003

탄소 왕국의 암살자들

우리 주변에는 놀라울 정도로 많은 종류의 독극물이 있어요. 그중에는 비소[As], 탈륨[Tl], 카드뮴[Cd] 등과 같이 탄소를 포함하지 않는 물질도 있어요.

그러나 대부분의 독극물은 탄소를 함유하고 있어요. 즉, 탄소 왕국의 국민입니다. 탄소 왕국에서 온 독극물은 아무렇지 않은 얼굴로 어디에나 도사리고 있죠.

우리는 무의식중에 이들을 피하며 살고 있어요. 그러나 뜻하지 않게 위험에 노출될 때도 있죠. 우리 일상에 숨어든 주요 독극물을 살펴볼까요?

🔵 가장 강력한 독이 가장 강력한 미용 재료가 되다

독극물 순위표에서 최상위권을 다투는 강력한 독 2개, 보툴리눔 독소와 파상풍 독소는 둘 다 미생물(세균)이 생성하는 독입니다. '독소'는 생물이 생산하는 독을 가리킬 때 쓰는 말이라고 했던 거 기억하죠?

보툴리눔 독소는 보툴리누스균이 생성하는 독으로 보툴리누스 중독을 일으킵니다. 보툴리누스균은 산소를 싫어하는 혐기성균으로, 주로 통조림이나 절임식품 등에서 번식해요.

1984년 구마모토현에 위치한 기업에서 가라시렌콘(겨자연근. 구마모토현의 향토 요리다. - 옮긴이)을 진공 포장해서 팔았는데, 먹은 사람들이 보툴리누스 중독에 걸렸어요. 전국에서 36명의 환자가 확인되었고 그중 11명이 사망했습니다.

보툴리눔 독소는 신경독으로 근육을 이완시키는 작용을 해요. 그런데 이 때문에 눈가의 주름을 펴는 미용 치료에 사용됩니다. 보툴리누스균도 놀라

자빠질 활용 방법이네요!

🌀 우리 주변에 있는 아름답고 맛있는 식물 암살자들

독을 함유하는 식물은 많아요. 맹독인 아코니틴이 있는 투구꽃은 독초로 너무나 유명합니다. 그런데 꽃꽂이의 재료나 원예식물로 우리 주변에서 쉽게 살 수 있는 식물 중에서도 독이 있는 식물이 많다는 사실을 알고 있나요?

로맨틱하고 위험한 수선화와 은방울꽃과 담배

수선화의 잎을 부추와 착각해 먹는 사고가 해마다 일어나고 있어요. 최근에는 은방울꽃의 뿌리를 산마늘로 착각해 먹는 사고가 발생하기도 했어요. 이처럼 원예식물 중에 독이 있는 식물이 섞여 있습니다. 식물을 먹을 때는 이게 무엇이고 어떤 점을 주의해야 하는지 정확히 알아봐야 합니다.

은방울꽃의 독은 강력하며, 특히 심장에 치명적이에요. 은방울꽃을 꽂았던 꽃꽂이의 물을 실수로 마셔 버리는 바람에 어린아이가 목숨을 잃는 사고도 있었어요. 은방울꽃 꽃다발의 향기를 맡는 장면은 로맨틱해 보이지만, 때에 따라서는 목숨을 건 행위가 될 수도 있죠.

124쪽 순위표를 보면 청산가리[KCN] 위에 니코틴이 있습니다. 즉 서스펜스 드라마의 단골 소재인 청산가리보다 담배의 니코틴이 더 강력한 독입니다. 이전에는 '담배 3개비로 성인을 죽일 수 있다.'라는 말이 있었다고 합니다. 또한 독극물은 아니지만 담배에 함유된 타르에는 발암성이 있어요. 흡연은 여러 의미로 주의가 필요하겠죠.

가장 강력한 식물독, 매년 100만 톤이 넘게 생산된다?

124쪽 순위표의 3위는 리신입니다. 아름다운 꽃을 피우는 피마자라는 식물의 씨앗에서 추출되는 독으로, 식물독 중에서 가장 강력해요. 독의 종류는 단백질인데, 독 1분자로 세포 1개를 죽일 수 있을 정도로 강한 독이에요.

피마자 씨앗은 피마자유의 원료인데, 피마자유는 공업이나 의료용으로 많이 사용되고 있어요. 매년 100만 톤의 피마자 씨앗이 재배된다고 해요.

그렇다면 피마자 씨앗을 짜고 남은 찌꺼기에서 막대한 양의 리신이 추출된다고 생각할 수 있겠지만, 피마자유의 기름을 짤 때는 씨앗을 볶아 버리기 때문에 볶는 과정에서 단백질이 변성해 독성이 사라져서 안전합니다. 그렇다고 해도 임산부는 피마자유를 피하는 게 좋다고 해요.

사실 고사리에는 독이 있었다!

맛있는 산나물, 고사리. 하지만 발암성 물질인 프타퀼로사이드가 함유돼 있어요. 프타퀼로사이드는 일과성 독성도 있어, 들판에 풀어둔 소가 고사리를 장기간 먹으면 혈뇨를 하며 쓰러진다고 합니다.

그러나 우리는 고사리를 먹어도 아무 일도 일어나지 않아요. 왜냐하면 조리 과정에서 독을 제거하기 때문이죠. 고사리를 베이킹소다를 녹인 물에 데치면 됩니다. 옛날에는 재를 녹인 잿물을 사용했다고 합니다. 잿물이나 베이킹소다를 녹인 물은 알칼리성이기 때문에 프타퀼로사이드가 가수분해되어 독이 사라져 버려요. 선인의 지혜를 얕보면 안 되겠죠?

가로수가 맹독이었다니?

가로수로 사용되는 협죽도도 맹독을 갖고 있어요. 꽃부터 뿌리까지 나무 전체에 독이 있으며, 심지어 뿌리 주위의 땅까지 독이 퍼져 있다고 하니 그 집요함이 놀라울 따름이에요. 이뿐만이 아니라 협죽도 가지를 태우면 그 연기에서도 독이 나와요. 바비큐 파티를 할 때 이 가지를 꼬치로 사용하다 사고가 발생하기도 했다죠. 이러한 식물을 가로수로 사용하는 것은 문제가 있지 않을까요?

슬픔과 함께한 아름다운 독

가을이면 들판을 붉게 물들이는 석산의 뿌리에는 독이 있습니다. 그런데 석산은 뿌리줄기로 번식하기 때문에 사람이 심지 않으면 늘어나지 않아요. 이런 독초를 굳이 심어서 수를 늘리는 이유가 무엇일까요? 크게 두 가지 이유가 있습니다.

첫 번째, 두더지 같은 땅속 동물들이 농작물에 접근하지 못하도록 막기 위함이에요. 두더지가 논두렁에 구멍을 뚫으면 물이 빠져나가 농사에 피해를 주거든요. 그래서 농부들은 논 주변에 석산을 심어 논에 접근하지 못하게 해요. 석산이 묘지에 많은 이유도 비슷한 맥락이에요. 옛날에는 죽은 사람을 땅에 매장했는데, 사랑하는 사람의 소중한 시신을 동물들로부터 지켜 준다는 의미가 있었다고 합니다.

두 번째, 석산은 구황 작물로 활용할 수 있어요. 옛날에는 빈번하게 기근이 발생했어요. 기근이 일어났을 때 의지할 수 있는 마지막 음식이 구황 작물이에요. 물론 석산의 뿌리에는 이눌린이라는 독이 함유돼 있어 그냥 먹을 수는 없어요. 그러나 이눌린은 수용성이기 때문에 꼼꼼하게 물로 세척하면 제거할 수 있고, 마지막에 남은 녹말을 식용으로 쓸 수 있어요. 다만 맛이 없기 때문에 기근일 때 말고는 먹지 않았다고 해요.

석산은 독이 있어 미움받기도 하지만 '사람의 슬픔과 함께한 꽃'이라고 할 수 있지 않을까요?

◐ 삶아도 구워도 없어지지 않는 버섯의 독

가을이 되면 버섯으로 인한 식중독이 빈번하게 발생해요. 일본에 생식하는 버섯의 종류는 무려 4,000가지라고 합니다. 그중에서 학명이 있는 버섯은 3분의 1에 지나지 않아요. 그리고 또 다른 3분의 1은 독버섯입니다. 버섯에 있는 독은 대부분 단백질이 아닌 분자로, 대부분 삶거나 구워도 독이 없어지지 않으니 각별히 주의해야 해요.

나도느타리버섯은 느타리버섯을 대신할 수 없다

나도느타리버섯은 이전에는 독이 없다고 알려져 식용으로 사용됐어요. 그런데 2004년, 신장에 장애가 있는 사람이 먹고 급성뇌증을 일으키는 사고가 잇따라 발생했어요. 이 사건으로 나도느타리버섯의 독성이 밝혀지자 갑자기 환자가 발생하기 시작했어요. 그해 도호쿠 지방과 호쿠리쿠 지방 등 9개 현에서 59명의 환자가 발생했고, 그중 17명이 사망했어요. 환자 중에는 신장에 장애가 없는 사람도 있었습니다.

중독의 원인과 독소 모두 아직까지 조사 중이에요. 정말 불가사의한 일이죠. 사실 2004년에 갑자기 환자들이 발생한 것이 아니라, 그때까지는 나도느타리버섯이 원인인 줄 모르고 식중독이나 다른 질병으로 취급되었는데 그것이 나도느타리버섯 때문임을 알게 되었다는 말이 정확하겠네요.

맹독 주의! 붉은사슴뿔버섯

이전에는 좀처럼 볼 수 없는 버섯이었는데, 최근에는 주택가에서도 심심치 않게 볼 수 있고 신문에도 자주 실려요. 바로 붉은사슴뿔버섯입니다. 이름처럼 붉고, 뿔처럼 뿌리 부분부터 갈라져 자라나요. 사람의 손과도 비슷하게 생겨서 보고 있으면 어쩐지 섬뜩해요.

설마 이 버섯을 먹는 사람은 없겠지만, 매우 위험한 맹독이에요. 먹으면 죽습니다. 만약 운 좋게 살아난다고 해도 소뇌 위축으로 운동 장애가 남고요. 또한 손에 닿기만 해도 심각한 염증을 일으켜요. 무릇 군자는 위험한 곳에 가까이 가지 않습니다.

금주 결심에 도움을 줄 수 있는 두엄흙물버섯

희고 귀여운 버섯이지만 하룻밤 사이에 검게 변해 녹아 버리기 때문에 이런 이름이 붙었어요. 삶아서 먹으면 맛있다고 하네요. 하지만 아버지가 이 버섯을 술과 함께 마시다간 다음 날 아침 고통스러운 숙취에 몸부림을 칠 거예요. 치료하면 회복하기 하겠지만 증상이 며칠 동안 이어지고, 술을 마실 때마다 강력한 숙취를 경험할 수 있어요. 술을 끊고 싶어 하는 아버지에게는 좋을 수도 있겠네요!

◎ 함부로 먹으면 큰일 나는 어패류들

독을 가진 어패류가 많아요. 산호초에 사는 어패류들이 가진 맹독인 팔리톡신은 2-5에서 살펴봤으니 넘어가고, 다른 독들을 살펴봅시다.

복어, 정말 안심하고 먹어도 될까?

복어의 독을 테트로도톡신이라고 합니다. 테트로(테트라)는 그리스어로 '4'를 뜻하고 오도는 '이빨', 톡신은 '독소'라는 뜻입니다. 모두 합치면 이빨 4개를 가진 독이라는 뜻이죠. 날카로운 이빨 4개로 낚싯줄을 물어뜯고 도망가는 복어의 특징도 잘 나타내는 이름이네요.

복어는 종류가 많아요. 은밀복처럼 독이 거의 없는 선량한(?) 복어부터 청복처럼 전신에 맹독이 있는 복어까지 다양하기에 주의가 필요하죠. 한편 자주복의 경우 혈액, 간장, 난소에만 독이 있어서 이 부위들만 잘 제거하면 맛있게 먹을 수 있어요. 최근에는 해수의 온난화로 인해 홋카이도에서도 자주복이 잡힌다고도 합니다.

문제는 일본의 복어 조리사 면허가 조례로 정해져 있다는 점이에요. 즉, 면허 조건이 현마다 달라요. 실기 시험을 치러야 하는 현도 있고, 강의만 들어도 면허를 딸 수 있는 현도 있어요. 액자에 걸린 면허장만으로는 이 사람이 어떤 과정을 거쳐 면허를 땄는지 알 수 없어요. 어떤 대학 입시처럼 '응시자 전원 합격' 사태가 벌어지고 있을지도 모르는 일이라는 뜻이에요.

복어는 독을 스스로 생산하지 않고 조류가 생산하는 독을 먹어 체내에 축적해요. 따라서 독성이 있는 먹이가 없는 환경에서 자란 양식 복어에는 독이 없어요. 그런데 자연에서 자란 복어와 양식 복어를 같은 수조에서 키우면 양식 복어에도 독이 생긴다고 해요. 복어 체내에 있는 독을 생산하는 균이 양식 복어에게 감염되기 때문이라는 설도 있어요.

복어 독과 투구꽃 독을 같이 마시면 어떻게 될까?

복어 독인 테트로도톡신은 투구꽃 독인 아코니틴과 같은 신경독입니다. 그러나 신경세포에 작용하는 방식은 서로 완전히 정반대예요. 즉, 이 둘은 대립 관계에 있어요. 그렇다면 이 둘을 동시에 섭취한다면 어떻게 될까요?

이런 사건이 실제로 일어났습니다. 1986년에 일어난 오키나와 투구꽃 살인 사건입니다. 이 사건의 진상을 밝히기 위해 쥐에 테트로도톡신과 아코티닌의 혼합물을 주입하는 실험을 진행했어요. 그 결과, 체내에서 두 독이 서로 망가뜨리는 것을 알 수 있었어요. 두 독이 같은 양으로 서로를 방해하고 있을 때는 쥐에게 아무런 일도 일어나지 않아요. 하지만 한쪽 독이 조금이라도 많아지면, 그렇게 살아남은 독이 쥐를 죽게 만들어요.

중요한 건, 두 독이 서로를 망가뜨리는 동안에는 쥐가 멀쩡했다는 사실이에요. 범인은 그 시간에 알리바이를 만들 수 있겠죠. 이 사건의 범인은 무기징역형을 선고받았지만 2012년 병으로 감옥에서 사망했습니다.

뾰족뾰족, 닿기만 해도 아픈데 독까지 있다

가오리 꼬리 부분에는 크고 날카로운 가시가 있어요. 가시에 찔리면 독이 몸속에 들어와 큰 봉변을 당할 수 있어요. 바닷속에서 떼를 지어 몰려다니며 유일하게 바다에 서식하는 메기목 어류인 쏠종개도 가시에 독이 있어요. 어부도 몸져눕게 할 정도로 아프다고 하네요.

성게는 전신이 바늘로 빼곡해요. 찔리면 아프겠지만 우리가 접하는 대부분의 성게에는 독은 없어요. 단, 가시왕관성게는 예외입니다. 독이 있는 데다 바늘이 부러져 몸속에 남으니 조심해야 해요.

복어 독을 가진 파란고리문어

최근 일본 암초(바닷물 속에 잠겨 있는 바위) 지대에 나타나 화제가 되었죠? 파란고리문어는 이전에는 태평양 열대 해역에서 주로 서식했지만, 일본 앞바다의 해수 온도가 상승하면서 북상했다고 추정돼요.

파란고리문어는 화가 나면 전신에 파란 고리 모양의 무늬가 나타나요. 그 무늬가 표범을 닮아 표범문어라고도 불립니다. 크기는 작지만 사납고 화가 나면 달려들어 물어 버려요. 피해자의 체내에 테트로도톡신이 주입돼 버리죠.

그렇다고 먹어 버리면 큰일 납니다. 테트로도톡신은 삶거나 구워도 독이 사라지지 않아요. 독을 제거하지 않은 복어를 먹는 거나 다름없는 행위예요.

○ 포유류에게도 독이 있다고?

독을 가진 포유류는 매우 적지만, 전혀 없는 것은 아닙니다. 그 하나가 돌연변이 포유류인 오리너구리예요. 오리너구리의 발톱에는 독이 있어요. 치명적인 독은 아니지만 발톱에 긁히면 최소 며칠에서 수개월 동안 고통이 지속된다고 하죠.

또 다른 하나가 땃쥐예요. 몸길이 10cm 정도의 소형 쥐로, 침에 있는 독으로 사냥감을 마비시켜요. 땃쥐는 에너지를 축적할 수 없어 항상 먹이를 먹어야 하고, 먹이가 없으면 몇 시간 만에 굶어 죽는 불쌍한 동물이에요.

○ 조류에게도 독이 있었다니

중국 고서에 맹독을 가진 새가 등장해요. 그 이름은 짐새입니다. 주요 먹이는 독사, 몸 곳곳에 독이 있습니다. 깃털에도 맹독이 있는데, 그 깃털로 담근 술을 짐주라 불렀다고 해요. 이 술은 암살할 때도 사용되었고 이렇게 죽이는 것을 '짐살'이라고 불렀대요. 그러나 이 이야기는 중국의 설화일 뿐이라고 여겨져 왔어요. 사람들은 실제로 독을 가진 새는 없을 거라고 생각했죠.

그런데 1990년, 뉴기니에서 독을 가진 새가 발견되었습니다. 그것도 동시에 3개의 종에서 발견된 거예요. 모두 때까치의 일종이에요. 이 새들은 훨씬 전부터 알려진 새였지만 독을 가졌다고는 생각되지 않았죠.

이 독은 한 때까치에서 우연히 발견되었고, 혹시나 하여 유사한 새들을 조사했더니 두 종에서나 독이 확인되었죠. 독은 독개구리의 독과 같은 종류인데, 평균치사량(LD_{50})이 $3\mu g$밖에 되지 않는 맹독입니다. 1마리당 피부에 $20\mu g$, 깃털에 $3\mu g$의 독이 있다고 하니 체중 70kg의 성인을 죽이기 위해서는 $(3 \times 70) \div (20+3) \fallingdotseq 10$마리 정도는 필요하겠네요.

짐새의 상상도입니다. 깃털만으로 사람을 죽이기 위해서는 깃털 이불을 만들 정도의 양이 필요하지 않았을까요?

⬡ 발밑을 조심해! 파충류의 독

파충류의 독이라고 하면 주로 뱀독을 떠올리곤 해요. 살무사, 코브라 등 무서운 파충류가 즐비하죠.

뱀에 물렸을 때는 어떻게 해야 할까

일본의 독사에는 살무사와 반시뱀이 있어요. 흔히 '꽃뱀'이라 불리는 유혈목이도 독이 있긴 했지만 목숨을 잃을 정도는 아니라고 여겨졌어요. 그런데 1984년 아이치현에서 유혈목이에 물린 어린아이가 사망하면서 유혈목이가 크게 이슈가 되었고, 그로 인해 뜻밖의 사실이 밝혀졌어요.

일본에 서식하는 독사들의 독을 차례대로 나열하면 가장 약한 독이 반시뱀 독이고, 살무사 독은 반시뱀 독의 3배 정도 강했어요. 유혈목이 독은 살무사 독의 3배로 반시뱀 독보다 9배나 강합니다. 따라서 유혈목이가 지닌 독은 원래 엄청나게 강력한 독이었어요. 그런데 몸 크기는 반시뱀〉살무사〉유혈목이라서, 물렸을 때 주입되는 독의 강도도 반시뱀〉살무사〉유혈목이 순으로 나타났던 거죠.

뱀독은 항독소 혈청으로 치료할 수 있어요. 만일 물렸다면 뱀의 특징을 기억해 두고 최대한 빨리 병원으로 가야 합니다.

클레오파트라는 누가 죽였을까

독사의 독은 모두 단백질 독이고, 크게 신경독과 출혈독으로 나뉩니다. 신경독은 몸의 신경계통을 파괴하는 독으로 사망률은 높지만 상처와 후유증은 가벼운 편이에요. 한편 출혈독은 쉽게 말해 소화 효소의 일종이에요. 물리면 환부에 심한 통증이 오고 부기가 생기며 내장 출혈 등의 증상이 생겨요. 사망률은 신경독보다 낮지만 조직이 괴사하면서 후유증도 심한 편이죠.

클레오파트라는 명예와 자부심을 중시하는 왕국의 왕이었습니다. 전쟁에 패한다면 살아서 모욕당하느니 스스로 깨끗이 죽는 게 낫다고 생각했습니다. 그러한 이유가 있었기 때문인지 클레오파트라는 독극물과 독사의 지식에도 해박했다고 합니다.

클레오파트라는 살무사와 코브라를 키웠다고 알려져 있어요. 살무사는 출혈독, 코브라는 신경독을 갖고 있어요. 뱀을 잘 아는 클레오파트라가 불필요한 고통을 주는 뱀을 선택할 리가 없기 때문에 죽을 때 사용한 뱀은 코브라일 것이라고 추측되었죠. 그러나 코브라에 물린다고 해서 즉사하지는 않아요. 그 사이에 적이 쳐들어와 포로로 잡힐지도 모르고요. 그래서 요즘에는 뱀을 사용했다고 해도 코브라 독과 함께 다른 독도 사용했을 것으로 추정하고 있어요.

◯ 무기물이면서 탄소를 가진 독극물

무기물이라도 탄소를 함유한 물질이 있어요. 대표적인 물질은 앞서 얘기했던 '청산가리'로 알려진 사이안화 칼륨[KCN]이에요.

청산가리는 왜 위험할까

청산가리는 호흡독이에요. 호흡독은 숨을 못 쉬게 하는 게 아니라, 폐에서 흡수된 산소가 세포로 전달되는 것을 방해해요. 환자는 폐를 움직이며 열심히 호흡하지만, 호흡으로 흡입한 산소가 정작 세포에 도달하지 않는 거죠.

호흡 작용을 간단하게 설명하면 다음과 같아요. 폐로 흡수된 산소는 헤모글로빈의 철과 결합해요. 헤모글로빈은 혈관을 타고 산소를 운반해 세포에 넘기고, 자신은 빈 몸이 되어 다시 폐로 돌아가요. 이를 위해 심장이 열심히 펌프질을 하죠.

그런데 청산가리에서 발생한 청산 이온[CN⁻]이 몸에 들어오면 헤모글로빈은 산소 대신 청산 이온과 결합해요. 헤모글로빈은 혈관을 타고 세포로 가지만 가진 건 청산 이온뿐, 세포에게 전달할 산소는 없어요. 즉 산소가 운반되지 않아 죽게 되는 거예요. 일산화 탄소[CO]도 같은 원리로 작용하는 호흡독이에요.

위험한 청산가리를 만드는 이유

청산가리는 맹독이지만 자연계에 있던 물질이 아니라 인위적으로 만든 물질이에요. 그렇다면 왜 이런 맹독을 만드는 걸까요? 공업에서 유용하게 쓰이기 때문이에요.

금은 무엇에도 녹지 않는다고 알고 있나요? 하지만 금이 녹지 않는다면 금도금은 불가능하겠죠. 금은 여러 물질에 녹아요. 질산과 염산을 섞은 '왕수'에 잘 녹는다고 알려져 있지만, 아이오딘팅크제에도 녹는다는 사실은 그다지 알려지지 않은 것 같네요. 금박을 아이오딘팅크제에 넣으면 사르르 녹는다고 해요.

한편 액체금속인 수은도 금을 녹입니다. 녹여서 진흙 같은 재질의 아말감을 만들어요. 이 진흙을 불상에 바르고 숯불로 달구면 끓는점이 낮은 (357℃) 수은은 기체가 되어 증발하고 금만 남게 돼요. 이것이 옛 나라시대의 금도금 방법이에요. 문제는 증발한 수은입니다. 미나마타병으로 유명한 수은은 독극물이에요. 수은 증기로 뒤덮인 나라 분지는 수은 오염으로 고통받았을 것 같아요. 헤이조쿄에서 불과 80년 만에 나가오카쿄로 천도한 데는 수은 공해 문제도 한몫했다고 해요.

마찬가지로 금을 잘 녹이는 물질이 청산가리 수용액이에요. 최근까지도 전기 금도금은 청산가리 수용액을 사용해 이루어졌어요. 청산가리 수용액은 금 채굴에도 사용돼요. 금광석에 함유된 금의 비율은 미미하기 때문에 광석을 부수어 눈으로 찾는 방식은 비효율적이에요. 그래서 부순 광석을 청산가리 수용액에 담그면 금은 수용액에 녹아 버려요. 녹지 않고 찌꺼기로 남은 광석을 제거하면 금을 녹인 수용액이 남겠죠? 이것을 화학적으로 처리해 금을 추출하는 거예요.

사실, 실제로는 청산가리가 아닌 화학적으로 등가인 사이안화 나트륨[NaCN]을 사용하는데 일본에서만 연간 3만 톤이 생산된다고 해요. 청산가리의 경구치사량은 0.2g입니다. 만약 청산가리가 3만 톤이 생산된다면 그걸로 몇 사람을 죽일 수 있을까요?

Column 이산화 탄소를 조심해!

일산화 탄소[CO]가 위험한 물질이라는 사실은 많이 알려져 있지만, 이산화 탄소[CO2]는 해롭지 않다고 생각하는 사람들이 많은 것 같아요. 천만의 말씀입니다. 공기 중의 이산화 탄소 농도가 3~4%를 넘으면 두통, 현기증, 구토 등을 일으키고, 7%를 넘으면 몇 분 만에 의식을 잃어요. 이 상태가 지속되면 마취 작용 때문에 호흡이 멈춰 사망에 이르게 되죠.

드라이아이스는 이산화 탄소 덩어리예요. 드라이아이스를 자동차와 같은 좁고 밀폐된 공간에서 기화시킨다면 공기 속 이산화 탄소 농도는 생각보다 훨씬 높아집니다. 또한 이산화 탄소는 공기보다 1.5배 정도 무거운 기체예요. 차내에서 기화한다면 이산화 탄소는 차 아래쪽부터 쌓이겠죠. 설령 성인은 괜찮을지 몰라도 아기가 무릎 위에서 자고 있다면 위험해요.

한편 밀폐된 병이나 캔에 드라이아이스를 넣으면 폭발이 일어납니다. 잉크 병에 넣은 드라이아이스가 폭발해 사람이 목숨을 잃은 사고도 있었어요. 의외의 물건에 의외의 위험성이 숨어 있을 때가 있네요.

사람의 마음을 파괴하는 탄소 왕국의 골칫거리

마약이나 각성제는 독극물의 일종이지만, 오로지 뇌에서 작용해요. 마약은 뇌의 활력을 빼앗고, 각성제는 뇌를 무리하게 깨우는 이미지로 사람들 사이에 인식되어 있지만 그 본모습은 둘이 거의 같아요. 모두 뇌 신경세포의 정보 전달계에서 오작동을 일으키죠. 환자는 결국 이 독극물에서 벗어날 수 없게 되고, 뇌와 몸이 망가져 폐인이 되어 버려요.

마약이나 각성제는 탄소 왕국에서 가장 무서운, '사람의 마음을 파괴하는 국민'입니다.

⬡ 뇌를 알면 마약을 이해할 수 있다

뇌는 신경세포들의 덩어리예요. 신경세포는 그 길이가 매우 길어서, 수십 센티미터에 이르는 것도 있어요. 신경세포는 세포체(머리)와 축삭(꼬리)으로 이루어져 있어요. 머리에는 수상돌기라는 식물의 잔가지 같은 것이 뻗어 나고, 꼬리에는 축삭말단이라는 뿌리가 자라나죠.

신경은 어떻게 뇌와 근육을 연결할까

뇌에서 내린 지령은 신경세포를 통해 근육으로 전달돼요. 이때 뇌와 근육이 1개의 신경세포로 연결되어 있는 건 아니에요. 여러 개의 신경세포를 거쳐서 전달됩니다. 신경세포들끼리 수상돌기와 축삭말단이 아주 가까이 있고, 이 부분을 시냅스라고 불러요.

뇌가 보낸 정보는 신경세포의 머리에서 꼬리를 거쳐 축삭말단으로 향해요. 그러면 축삭말단에서 도파민이라는 신경전달물질이 방출돼요. 이것이 다음 신경세포의 수상돌기에 결합하면서 정보가 전달되는 것이에요.

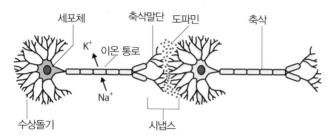

정보를 전달하는 방향(→)

수상돌기에 결합해 정보전달의 사명을 마친 도파민은 수상돌기에서 벗어나 원래 있던 축삭말단으로 돌아갑니다. 그리고 다음 출동에 대비합니다. 이것이 정상적인 뇌 속의 움직임입니다.

지나치게 행복하면 결국 불행해진다

마약이나 각성제와 같은 약물은 이 축삭말단을 자극해 멋대로 도파민을 방출시켜요. 그 결과 수상돌기에 결합하는 도파민의 수가 늘어나 정보가 과장되어 버리죠. 그리고 갈 곳이 없는 도파민이 시냅스에 넘쳐나면서 신경은 계속 흥분 상태가 되는 거예요.

이런 상태는 처음에는 사람을 행복에 취하게 만들어요. 그러나 이것은 환상에 불과합니다. 약물의 효과가 사라지면 상실감이 남을 뿐이죠. 그래서 또다시 약물에 손을 대고요. 이를 반복하면서 행복에 취하기 위해 필요한 약물의 양이 늘어날 수밖에 없어요(이걸 내성이라고 합니다). 그러는 사이 죄책감이나 금전적인 이유 때문에 약물에서 손을 떼려고 하지만 극심한 금단 현상이 나타나 점점 약물에서 벗어날 수 없게 됩니다.

🔘 마약보다 더 추악한 영국의 욕심

마약을 먹으면 황홀한 상태가 되고, 꿈과 현실 사이를 헤맨다고 해요. 그 중에서도 가장 잘 알려진 마약이 아편이에요. 아편은 양귀비의 덜 익은 과실에 상처를 내서 흘러나온 수액을 농축·건조한 것을 말해요. 아편의 주성분은 코데인과 모르핀으로, 모르핀에 무수초산(아세트산무수물)을 반응시키면 '마약의 여왕'이라고 불리는 헤로인이 만들어져요.

코데인

모르핀

아편의 주성분은 모르핀과 코데인입니다.

헤로인

모르핀에 무수초산을 반응시키면 헤로인이 됩니다.

담배를 피우듯이 아편에 불을 붙여 그 연기를 마시면 일시적으로 행복에 취할 수 있다고 해요. 이 때문에 중국 청나라(1636~1912년)에서는 너나없이 아편을 흡입했어요. 심지어 울음을 그치지 않는 아이까지 피우게 했다고 하죠. 이윽고 청나라 사람들은 아편에 중독되어 몸과 정신 모두 병들게 되었고, 청나라에는 큰 혼란이 닥쳤어요.

그러나 청나라와 교역하던 영국은 인도에서 재배한 아편을 청나라에 팔아 청나라에서 구매한 비단과 홍차 대금을 조달하려고 했어요. 이에 청나라가 반발해 일어난 사건이 19세기 말에 일어난 아편 전쟁이에요. 어떤 전쟁에서 어느 쪽이 정의로웠는지 판단하기란 힘들지만, 적어도 이 전쟁만큼은 영국 쪽에 정의란 없었어요. 그러나 정의와 승패는 관계없죠. 전쟁에서 진 청나라는 영국에 휘둘리며 피폐해지고, 태평천국 운동 등 여러 혼란을 겪으며 몰락의 길을 걷게 되었어요.

🍃 대마로 암살자를 키우다

최근 대마가 사회적 문제로 불거졌지만 사실 대마는 삼베의 원료가 되는 식물이에요. 일본에서는 옛날부터 재배된 중요한 전통 식물이에요. 이세신궁의 부적을 대마라고 부르는 것도 그 중요성을 잘 나타내고 있습니다. 대마는 성장 속도가 빠르기 때문에 초보 닌자, 즉 닌자 훈련생은 매일 대마를 뛰어넘는 훈련을 했다고 해요. 자연스럽게 도약력을 기를 수 있기 때문이죠.

대마의 잎이나 꽃부리를 건조해 수지(진액)화하거나 액체화한 것을 마리화나 또는 대마초라고 해요. 주성분은 델타나인 테트라하이드로칸나비놀(THC)이라는 분자예요. 약리 작용이 있어 각종 질병을 치료하는 약으로 사용되기도 해요. 반대로는 각성 작용이 있어 섭취하면 흥분 상태가 되고, 내성이 생기면 섭취량을 늘어나 결국 끊을 수 없는 상태가 된다고 해요. 즉, 마약인 거죠.

중세 아라비아에는 전설적인 암살단 어새신이 있었다고 해요. 그들은 거리에서 무료하거나 할 일이 없는 듯한 청년을 발견하면 교묘한 말로 접근한 다음 대마 냄새를 맡게 해 실신시킨 뒤 본거지로 데리고 갔어요. 거기서 먹어본 적 없는 진수성찬과 술을 대접하고, 아름다운 미녀와 향락의 세계에 빠지게 만듭니다.

며칠 후, 다시 대마초로 실신시켜 원래 있던 거리로 데려다 놓고 잠에서 깨어난 청년에게 이렇게 속삭입니다. "또 한 번 즐기고 싶다면 ○○을 죽여라. 만약 실패해서 네가 죽더라도 천국에서 저런 생활이 기다리고 있다." 이로써 '광신적인 암살자'가 탄생한다는 것이에요.

저에게 저런 일이 생긴다면 어떻게 될까요? 정말 자신이 없습니다. 최근 자주 일어나는 자살 폭탄 테러에는 어쩌면 비슷한 배경이 있는 게 아닐까(?) 하는 생각도 드네요.

⬡ 건강을 대가로 피로를 잊게 만드는 각성제

일본약학회의 창시자라고 불리는 나가이 나가요시는 한방약에서 쓰이는 약재인 마황을 연구해 1885년에 에페드린이라는 유기 분자를 분리했습니다. 에페드린은 천식에 효과를 보였어요. 때문에 에페드린을 화학적으로 합성하려는 꾸준한 시도가 있었고, 1893년 메스암페타민을 합성하는 데 성공했죠. 한편 1887년에는 루마니아의 화학자가 같은 실험을 하다가 암페타민을 합성했어요. 연구 결과, 메스암페타민과 암페타민 이 두 종류의 약물에서 수면약의 반대 효과, 즉 졸음을 쫓아내고 의식을 각성시키는 효과가 있다는 사실이 밝혀졌어요. 각성제라는 이름이 붙은 이유입니다.

각성제에 주목한 곳은 군부대였어요. 먹으면 흥분되고 두려움도 잊는다니, 전선에서 싸우다 언제 죽을지 모르는 병사들에게 딱 맞는 약물이었죠. 일본과 독일뿐만이 아니라 베트남 전쟁 때 미군도 사용했다고 해요. 전쟁을 광기라고 하지만, 그 광기는 인위적으로 만들어지기도 했습니다.

전쟁이 끝난 후 각성제는 민간에도 풀리게 되었어요. 일본에서는 메스암페타민을 '히로뽕(필로폰)'이라는 명칭으로 시판되었어요. 히로뽕을 '피로를 뽕 하고 잊게 만든다'라는 뜻으로 알고 있나요? 사실 '노동을 사랑하다'라는 뜻을 가진 그리스어 '필로포누스'에서 따온 말이에요.

당시 사회에는 히로뽕의 부작용이 알려지지 않았고 노동자, 경영자, 학생 등 각계각층의 사람들이 애용했어요. 그 결과, 100만 명에 달하는 히로뽕 중독자가 생겨나 사회에 큰 파장이 일었어요.

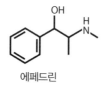

에페드린

에페드린은 마황을 연구하다가 발견되었습니다.

메스암페타민   암페타민

둘 다 졸음을 쫓아내고 의식을 깨우는 효과가 있습니다.

⬡ LSD: 마약이 평화와 예술의 상징?

중세 유럽에서 마녀재판이 자행되었다는 사실은 교회의 공식 기록에도 남아 있어요. 마녀재판은 여름이 덥고 습했던 해에 많이 열렸다고 합니다. 그리고 그런 해에는 온몸에 달군 쇠젓가락을 대는 듯한 통증을 느끼는 질병, '성 안토니의 불'이 유행했다고 해요.

최근 연구에 따르면, 성 안토니의 불은 호밀 등에서 기생하는 맥각균이 만들어내는 맥각 알칼로이드에 의한 식중독인 것으로 밝혀졌어요. 더불어 환각도 일으킵니다. 아마 맥각 알칼로이드에 감염된 여성이 상식을 벗어난 말과 행동을 하면서 마녀로 불리게 된 것은 아닐까요?

1938년 맥각 알칼로이드를 연구하던 스위스 화학자 알베르트 호프만은 이를 이용해 유기 화합물을 합성해 LSD라는 이름을 붙였어요. 소량의 LSD를 복용하면 마치 만화경처럼 형형색색의 색채가 눈앞에서 반짝인다고 해요. 이를 표현한 사이키델릭이라는 예술의 한 분야가 나타났을 정도입니다.

LSD는 미국에서 베트남 전쟁, 자연회귀 운동, 동양 문화, 반기독교 운동 등과 겹쳐 당시 '히피'라고 불리던 젊은이들에게 큰 영향을 끼쳤다고 해요.

사람이 만들어 낸 광기의 물질

전쟁터에서 적에게 피해를 주기 위해 사용하는 화학물질을 화학무기라고 합니다. 화학무기는 '비참한 광기의 화학물질'이라고 해도 과언이 아니에요. 그 사용을 제한하고자 국제조약이 두 번이나 체결되었어요. 1925년에 체결한 제네바 의정서와 1977년에 체결한 화학무기금지조약이 그것입니다. 그러나 지금도 분쟁이 일어날 때마다 화학무기를 사용한다는 의심이 끊이지 않고 있어요.

🌀 개발도상국의 원자폭탄

전쟁에서는 적을 쓰러뜨려야 합니다. 총으로 1명씩 노리는 것은 비효율적이죠. 원자폭탄으로 쾅 하고 터트리는 게 가장 효율적이지만 원자폭탄을 만들려면 엄청난 과학 기술력과 비용이 들고요.

그러나 화학물질, 즉 독극물은 많은 병사를 한꺼번에 섬멸할 수 있는데다가 평상시 화학공장에서 저렴한 비용으로 만들 수 있어요. 그래서 화학무기를 '개발도상국의 원자폭탄'이라고도 불러요.

화학자들은 인류의 평화와 행복에 기여하려는 목적을 가지고 화학물질을 개발했어요. 그런데 화학무기는 이와는 완전히 다른 목적을 위해 합성된 물질이에요.

화학무기를 장려한 화학자는 화학무기는 전쟁을 조기에 수습할 수 있기 때문에 많은 병사의 목숨을 구하는 '인도적인 무기'라는 말을 했어요. 정말 얼토당토않은 궤변입니다. 원자폭탄을 투하할 때도 같은 궤변을 늘어놓았죠.

누가 뭐래도 화학무기는 광기의 화학물질, 악마의 화학물질입니다. 화학물질도 자신이 원해서 만들어진 게 아니고요. 인간의 욕망에 따라 강제로 만들어졌을 따름이니, 화학무기 또한 피해자일지도 모릅니다.

◎ 화학은 사람을 죽이기 위한 것이 아니다

전쟁에서 생물이나 화학물질을 무기로 사용한 건 고대 이집트와 그리스 때부터 행해진 일입니다. 고대 이집트의 전쟁에서는 신의 심부름꾼이라고 여겨진 고양이를 석궁을 이용해 적지에 던졌다고 합니다. 적군도 놀랐겠지만 고양이도 놀랐겠지요.

그리스에서는 유황을 태워 그 연기인 아황산 가스[SO2]를 적군에 흘려보냈다고 합니다. '역시 그리스, 화학적이야'라고 말하고 싶겠지만, 화학의 사용법으로는 엄청나게 잘못된 일입니다.

근대 전쟁에서 처음 사용된 화학무기는 제1차 세계대전에서 독일군이 사용한 염소 가스[Cl2]였다고 해요. 그 후 포스겐[COCl2], 청산 가스[HCN], 이페리트 등이 화학무기로 사용되었고요. 현대에는 일본의 옴진리교 사건(1995년 옴진리교 신도들이 도쿄 전동차 안에 사린을 살포한 사건. 5,500명이 중독되고 이 중 12명이 목숨을 잃었다. - 옮긴이)으로 유명해진 사린과 소만, VX 등이 개발되었죠.

염소 가스, 포스겐, 청산 가스, 이페리트 등은 공업용 원료 물질이에요. 즉, 이러한 화학무기는 말하자면 '공업용품을 부정하게 유출'했다고 말할 수 있어요.

그러나 사린, 소만, VX는 달리 유용하게 쓸 곳이 없는 악마의 분자예요. 사실 이 물질들은 살충제로 개발된 물질입니다. 하지만 인간에게 너무 해롭기 때문에 살충제로 사용되지 않아요. 벌레가 아닌 인간을 죽이는 데 특화한 분자들이에요.

하지만 만들어진 분자에는 악의가 없어요. 인간의 악의에 희생된 불쌍한 분자들입니다.

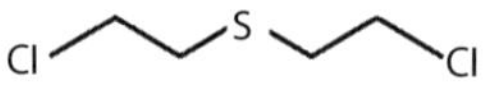

Cl—CH₂—CH₂—S—CH₂—CH₂—Cl

이페리트

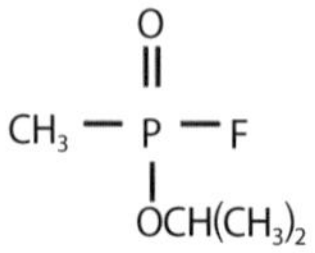

$$CH_3 - \overset{\overset{\displaystyle O}{\|}}{\underset{\underset{\displaystyle OCH(CH_3)_2}{|}}{P}} - F$$

사린

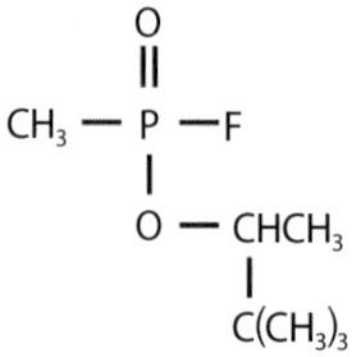

$$CH_3 - \overset{\overset{\displaystyle O}{\|}}{\underset{\underset{\underset{\displaystyle C(CH_3)_3}{|}}{CHCH_3}}{\underset{|}{O}}} - F$$

소만

$$CH_3 - \overset{\overset{\displaystyle O}{\|}}{\underset{\underset{\underset{\displaystyle CH_2CH_3}{|}}{O}}{P}} - S - CH_2 - CH_2 - N \overset{\displaystyle CH(CH_3)_2}{\underset{\displaystyle CH(CH_3)_2}{}}$$

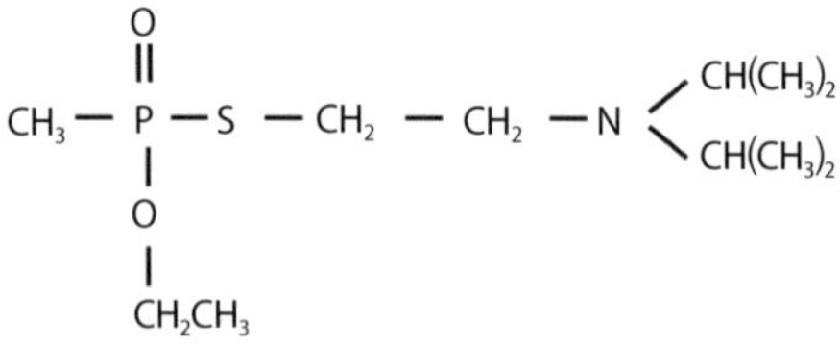

VX

독성이 높은 화학무기가 차례차례 개발되었습니다.

자연환경을 파괴하는 말썽꾸러기

지구의 지름은 약 1만 3,000km예요. 그런데 가장 높은 에베레스트산의 높이는 10km가 채 되지 않아요. 가장 수심이 깊은 마리아나 해구도 깊이가 약 10km 정도 되죠. 인간이 살고 움직이는 범위, 즉 '자연환경'이라 칭하는 공간은 지표를 기준으로 위아래로 10km씩, 총 20km의 범위로 한정돼요.

칠판에 지름 1.3m의 원을 그려 볼게요. 그러면 환경의 범위는 0.2cm, 즉 2mm가 됩니다. 즉 분필이 그은 선의 너비만큼도 안 돼요. 환경이 얼마나 좁은 범위인지 알 수 있겠죠? 이곳을 더럽히면 우리는 갈 곳이 없다는 사실도요.

💧 내 몸에서 사라지지 않는 유기 염소 화합물

환경을 오염시키는 물질은 얼마든지 많아요. 앞서 살펴본 플라스틱도 마찬가지고요. 지금부터 살펴볼 유기 염소 화합물도 그러한 물질이에요. 유기 염소 화합물은 염소 원자[Cl]를 함유한 유기 화합물로, 대표적으로 옛 살충제 DDT와 BHC가 있어요.

20세기 중반 무렵에 개발된 살충제들은 살충효과가 뛰어나 대량 생산대량 사용되었어요. 그 덕분에 많은 해충이 박멸되고, 환경은 쾌적해지고 생활은 편리해졌어요. 해충으로 인한 농작물의 피해가 줄어들어 수확량도 늘어났죠. DDT의 개발자 파울 헤르만 뮐러는 이 공로를 인정받아 1948년 노벨생리의학상을 수상할 정도였어요.

그러나 이후 유기 염소 화합물은 벌레뿐만 아니라 사람에게도 해가 된다는 사실이 밝혀져서 제조 및 사용이 금지되었습니다.

유기 염소 화합물의 특징은 안정적이라서 잘 망가지지 않는다는 점입니다. 유기 염소 화합물은 지금도 환경에 잔존하고 있다고 합니다.

게다가 이런 물질들은 생물 농축돼요. 무슨 말인가 하면, 유기 염소 화합물이 체내에 축적된 플랑크톤을 정어리처럼 작은 물고기가 먹고, 작은 물고기를 오징어가 먹고, 오징어를 돌고래가 먹어요. 이 과정에서 유기 염소 화합물이 생명체 밖으로 나가거나 분해되지 않고 각 생명체에 그대로 농축되는 거예요. 이런 과정이 반복되면서 상위 먹이사슬에 위치한 동물의 몸속에 농축된 유기 염소 화합물의 농도는 해양 표면 농도의 1,000만 배나 된다고 해요.

표층수와 수서 생물의 PCB와 DDT의 농도

	PCB	DDT
	농도단위: (ppb)	
표층수	0.00028	0.00014
동물성 플랑크톤	1.8	1.7
농축률(배)	6,400	12,000
샛바늘치과	48	43
농축률(배)	170,000	310,000
살오징어	68	22
농축률(배)	240,000	160,000
줄무늬돌고래	3,700	5,200
농축률(배)	13,000,000	37,000,000

PCB는 폴리염화 바이페닐의 약칭입니다. 지용성 화학물질로 체내에 축적되면 건강에 심각한 위해를 끼칩니다. 표층수의 PCB는 줄무늬돌고래의 체내에서 1,300만 배, DDT는 3,700만 배까지 농축됩니다.
※ 출처: 다쓰카와 료(立川涼), 「水質汚濁研究 수질오염연구」, 11권 12호, 1998

◎ 지구의 기후를 파괴하는 이산화 탄소

최근 지구의 온도가 상승하고 있어요. 이런 상태가 지속된다면 21세기 말에는 해수가 뜨거워짐에 따라 팽창하여 해수면이 50cm가 상승한다고 해요. 그 원인 중 하나로 지목되는 기체가 바로 열을 모으는 성질이 있는 기체, 이산화 탄소[CO_2]예요.

열을 모으는 성질의 정도는 지구온난화 지수로 나타내는데, 이산화 탄소를 표준으로 하기 때문에 이산화 탄소의 지수를 1로 둡니다. 그런데 지구 온난화 지수에서 1이 최저예요. 예를 들어 메테인[CH_4]은 21, 일산화 탄소 [CO]는 310, 오존홀의 원인으로 유명한 프레온은 수천에 달하죠.

이산화 탄소의 지수가 가장 낮은데 왜 눈엣가시로 여겨지는 걸까요? 그 이유는 이산화 탄소가 화석 연료의 연소 과정에서 대량으로 방출되기 때문이에요. 석유를 태우면 얼마만큼의 이산화 탄소가 발생하는지를 간단히 계산해 볼게요. 그렇게 하기 위해서는 원자와 분자의 상대적인 무게인 원자량과 분자량을 알아야 합니다. 고등학교 화학 교과서에 나와 있으니 참고하세요.

석유는 탄소[C]와 수소[H]로 이루어져 있고, 그 분자식을 간략화하면 C_nH_{2n}입니다. 탄소의 원자량은 12, 수소의 원자량은 1입니다. 따라서 석유의 분자량은 $(12+1 \times 2)n = 14n$이라고 계산 가능하네요. 석유를 태우면 탄소는 모두 이산화 탄소[CO_2]가 되기 때문에, 석유 1분자를 태우면 n개의 이산화 탄소 분자가 발생합니다. 산소의 원자량은 16이므로 이산화 탄소 하나의 분자량은 $12+16 \times 2 = 44$예요. 이것이 n개 생겼으므로 전체 분자량은 $44n$이네요.

결론적으로, 석유 14kg을 태우면 44kg의 이산화 탄소가 발생합니다. 석유의 약 3배에 달하는 이산화 탄소가 쏟아져 나와요. 10만 톤의 유조선을 태우면 30만 톤의 이산화 탄소가 발생하는 셈이네요.

제Ⅱ부

미래를 개척하는
탄소 왕국

carbon

제6장

인간이 만들어 낸 탄소
왕국의 새로운 국민들

인류는 석기 시대, 청동기 시대, 철기 시대를 거치며 발전에 발전을 거듭했어요. 역사학자들의 분류에 따르면 현대도 철기 시대라고 합니다. 그러나 현대는 '플라스틱 시대'라고 해도 과언이 아니에요. 플라스틱은 철보다 우수한 데다가 실생활에서 너무나 많이 사용되고 있기 때문이에요.

20세기는 플라스틱 시대

인간은 도구와 소재를 사용하는 동물입니다. 인류는 자연에서 여러 소재를 모으고 그것을 가공해 집과 도구와 기계를 만들었어요. 석재, 목재, 금속, 모피, 뼈까지 모든 천연물이 소재로 사용되었죠. 그리고 19세기 말, 인류는 직접 소재 그 자체를 만들어내는 데 성공했습니다. 그것이 바로 고분자 화합물이에요.

◯ 작고 단순한 단위 분자가 모였다!

19세기 말에 등장한 신소재를 보통 고분자 화합물이라고 불러요. 고분자는 분자량이 큰 분자, 즉 많은 원자로 이루어진 거대한 분자를 말해요. 단, 분자량이 크다고 해서 모두 고분자라고 하지는 않아요. 예를 들어 62쪽 2-5에서 살펴본 부식산 같은 건 고분자가 아니에요. 작고 단순한 단위 분자가 많이 모여서 이루어져야 고분자라는 이름이 붙을 수 있죠.

20세기 초, 이 분자의 모이는 방법을 둘러싸고 학계가 둘로 나뉘는 큰 논쟁이 일었어요. 사실 둘로 나뉘었다기보다 1 대 다수였죠. 1은 독일의 화학자 헤르만 슈타우딩거였어요.

대부분의 화학자는 고분자는 단위 분자가 단순히 모여서 이루어진 물질로 단위 분자 간에 결합은 없다고 생각했어요. 반면 슈타우딩거는 단위분자들이 서로 공유 결합한다고 여겼고요. 그는 포기하지 않고 실험을 거듭하며 자신의 가설을 뒷받침하는 실험 결과를 차례차례 학회에 보고했어요. 그 결과, 학회도 그의 가설이 옳다고 인정하지 않을 수 없게 되었습니다. 슈타우딩거의 승리였습니다. 그 공로를 인정받아 그는 1953년 노벨화학상을 수상했고 지금도 고분자의 아버지로 불리고 있습니다.

하지만 그와 의견이 달랐던 대다수의 화학자도 반드시 틀린 것은 아니에

제Ⅱ부 미래를 개척하는 탄소 왕국

요. 공유 결합하지 않은 거대 분자도 존재하거든요. 이를 초분자라고 부르며 비눗방울, 세포막, 액정, 또는 115쪽에서 살펴본 사이클로덱스트린 등이 이에 속해요. 현대 화학에서 각광받고 있어요.

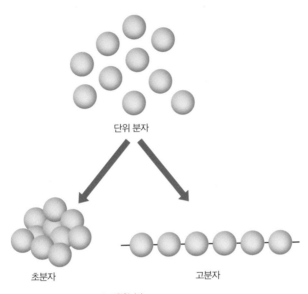

고분자의 단위 분자는 서로 공유 결합합니다.

⬡ 플라스틱을 가열하면 왜 부드러워질까?

고분자에는 여러 종류가 있지만, 일반적으로 잘 알려진 물질은 플라스틱(합성수지)입니다. 이는 송진 등 자연계에 존재하는 수지와 마찬가지로 식으면 딱딱해지지만 가열하면 연화, 즉 부드러워지기 때문에 열가소성 수지라고도 해요.

플라스틱은 단위 분자 수천 개가 결합한 긴 분자로, 분자 구조를 사슬에 비유할 수 있어요. 말하자면 사슬고리 하나가 1개의 단위 분자입니다. 플라스틱을 가열하면 이 사슬이 열 에너지를 받아 운동을 시작해요. 이것이 플라스틱 연화의 원인입니다.

 플라스틱의 대표격으로 알려진 폴리에틸렌은 에틸렌[$H_2C=CH_2$]이라는
단위 분자가 1만 개 정도 연결된 물질이에요. 포장용 완충재 혹은 마트에서
진열용 트레이 등으로 사용되는 발포 폴리스타이렌(발포 스타이로폼)은 폴
리에틸렌에 스타이렌을 결합시켜 만들어요.

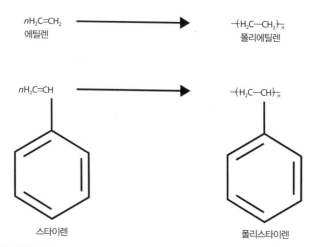

에틸렌 폴리에틸렌

스타이렌 폴리스타이렌

그리스어 '폴리'는 '많다'라는 뜻입니다.

⬡ 철보다 강하고 거미줄보다 가느다란 나일론

 고분자를 이루는 단위 분자가 반드시 하나여야 한다는 법은 없어요. 예
를 들어 나일론은 아디프산과 헥사메틸렌다이아민이 번갈아 이어진 물질
이고, 페트(PET)는 에틸렌글라이콜과 테레프탈산이 번갈아 이어진 물질입
니다. PET의 P는 폴리, E는 에틸렌글라이콜, T는 테레프탈산의 머리글자예요.

 나일론을 발명한 사람은 미국 듀폰 사(社)에서 근무하던 화학자 월리스
캐러더스였는데, 그는 우울증을 앓다가 나일론이 발표되기 전에 스스로 목숨

을 끊었다고 해요.

이 고분자에 나일론이라는 이름을 왜 붙였는지에 대한 여러 설이 있지만 그중 하나는 미국 정부의 고위 관리가 붙였다는 것입니다. NYLON을 거꾸로 읽으면 NOLYN인데 이것이 '노린(のうりん)'이라고 발음돼요. 즉, 일본의 농림수산성을 뒤집은 이름이라는 것입니다. 이때까지 미국은 일본산 실크를 수입하며 큰 돈을 지불해 왔지만 나일론 덕분에 입장이 뒤바뀌게 되어 '꼴 좋다, 농림수산성(Now You Lousy Old Nipponese)'의 머리글자를 따서 지었다는 설도 있죠. (당시 세계 스타킹 시장은 일본산 실크가 점령하고 있었다. 따라서 나일론의 발명은 미국과 일본 양국에 민감한 무역 문제였다. - 옮긴이)

'철보다 강하고 거미줄보다 가늘다'라는 광고 문구로 유명해진 나일론은 스타킹에 사용되면서 큰 인기를 얻었어요. 당시 유럽으로 여행을 간 미국인들은 유럽의 귀족 여성이 신은 구멍 난 비단 스타킹을 보고 자국에 대한 자부심을 느꼈다고 해요. 나일론 스타킹이 대중화한 미국에서는 레스토랑의 웨이트리스도 구멍 난 스타킹은 신지 않았거든요. 당시 미국인들은 조상 격이라 할 수 있는 유럽에 열등감을 느꼈으니 이런 사소한 우위도 큰 의미였을 것 같습니다.

뜨거워도 흐물거리지 않는 플라스틱이 발명되다

일반 플라스틱은 가열하면 녹아 부드러워져요. 하이킹이나 캠핑을 갈 때 흔히 가져가는 일회용 투명 플라스틱 컵에 뜨거운 차를 부으면 흐물흐물해져서 위험하죠. 그러나 일반적인 플라스틱 중에서 아무리 가열해도 부드러워지지 않는 것도 있어요. 플라스틱 식기, 프라이팬의 손잡이, 전자기기의 콘센트 부분 등입니다. 이것들은 열경화성 수지라고 불리는 특수한 플라스틱으로, 화학적으로는 앞서 다룬 열가소성 수지와는 다른 플라스틱으로 취급돼요.

◯ 마치 하나의 분자 같은 페놀 수지

앞서 19세기 말에 인류가 인공 고분자 화합물을 만들어냈다고 했는데 이때 발명된 물질은 사실 열경화성 수지였어요. 이는 페놀(석탄산)과 포름알데하이드를 섞어 가열한 물질이에요. 당시 발명자인 리오 베이클랜드의 이름을 따서 베이클라이트라고 불렸으나 현재는 페놀 수지라고 불러요.

페놀 수지의 분자 구조는 열가소성 수지의 분자 구조와 매우 달라요. 열가소성 수지의 분자는 '끈 모양'의 1차원 구조지만, 페놀 수지의 분자 구조는 다음 159쪽 그림과 같이 3차원 그물 구조로 끝없이 펼쳐져 있거든요.

페놀 수지의 분자 구조는 3차원 그물 구조로 끝없이 펼쳐져 있습니다.

플라스틱을 국화빵 굽듯이 구워 보자

열경화성 수지는 가열해도 부드러워지지 않아요. 이러한 물질을 어떻게 가공하고 성형할까요? 목재를 다룰 때처럼 자르거나 깎지는 않겠죠.

방법은 간단합니다. 열경화성 수지로 합성 반응하는 도중에 멈추면 돼요. 열경화성 수지가 되지 않았기 때문에 아직 부드러운 상태랍니다. 이것을 틀 안에 넣고 가열해 반응시키면 틀에 맞춘 대로 제품이 만들어져요. 국화빵을 만들 때 밀가루 반죽을 틀 안에 넣고 굽는 것과 비슷하죠?

새집 증후군은 왜 새로 지은 집에서만 생길까

열경화성 수지에는 페놀 수지 이외에 요소(우레아)를 이용한 우레아 수지, 멜라민을 이용한 멜라민 수지 등이 있어요. 이 모든 수지들은 포름알데하이드를 원료로 사용해요. 앞서 살펴본 바와 같이 포름알데하이드는 독성이 매우 강하죠.

어떤 분자가 화학 반응을 거치면 전혀 다른 분자로 바뀌어요. 반응하기 전에는 아무리 강한 독성을 가졌더라도 반응 후에는 독성이 사라지는 물질들이 많고 포름알데하이드도 마찬가지예요. 따라서 포름알데하이드를 원료로 만든 수지들도 이론적으로는 문제가 없지만, 유감스럽게도 화학 반응이 완벽하게 일어나지는 않아요. 비록 그 단위가 ppm(100만 분의 몇이라는 작은 농도)이라도 화학 반응하지 않고 남은 포름알데하이드가 존재해요.

열경화성 수지는 집을 지을 때 합판의 접착제로도 사용돼요. 열경화성 수지에서 반응하지 않고 남아 있던 포름알데하이드가 공기 중으로 퍼져 새 집 증후군을 일으키는 거예요. 유독 새로 지은 집에서만 이런 현상이 일어나는 이유는 오래된 집에서는 이미 포름알데하이드가 다 날아갔기 때문이지요.

Column 우리는 플라스틱을 얼마나 만들고 얼마나 쓸까

1년 동안 전 세계에서 생산되는 플라스틱의 양은 2억 8,000만 톤(2012년)입니다. 일본에서는 1,052톤이 생산되었는데, 생각보다 많은 양은 아닌 것 같기도 하네요. 일본 1인당 사용량을 살펴보면, 1980년에는 50kg였지만 약 30년 후인 2012년에는 75kg로 1.5배가 증가했습니다. 가정에서 사용하는 생활용품이 얼마나 많이 플라스틱으로 대체되었는지를 잘 보여 주는 통계예요.

※ 출처: 일본플라스틱공업연맹(日本プラスチック工業連盟), http://www.jpif.gr.jp/

안경닦이부터 여객기까지, 신섬유·복합재료

다음의 그림은 플라스틱의 구조를 확대하여 도식화한 그림이에요. 수많은 '끈 모양' 분자가 서로 얽혀 있지만, 곳곳에 한데 뭉친 부분도 있습니다. 뭉친 부분을 결정성 부분, 그 이외의 부분을 비결정성 부분이라고 해요.

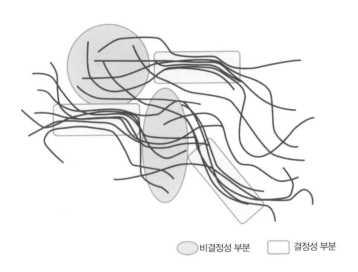

비결정성 부분   결정성 부분

섬유인데 플라스틱입니다

비결정성 부분은 빈틈이 많기 때문에 물 분자와 산소 분자, 냄새 분자 등이 스며들거나 통과하기 쉬워요. 따라서 냄새가 나거나 품질 불량의 원인이 되죠. 그와 달리 결정성 부분에는 다른 분자가 침투하지 못합니다. 또한 기계적으로도 견고하고요. 마치 화살 하나는 쉽게 부러뜨릴 수 있지만 화살 세 개는 한꺼번에 부러뜨리기 어려운 것과 같습니다.

'플라스틱 전체를 결정성으로 만들 수 없을까?' 이런 발상으로 만든 것이 합성섬유입니다. 만드는 방법은 간단합니다. 가열해 액체 상태가 된 열가소성 수지를 가는 노즐로 압출하여 큰 롤에 감아 고속으로 회전시키는 거예요. 고분자 사슬의 집합체가 당겨지면서 한 방향으로 정렬됩니다.

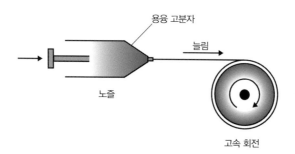

이런 과정을 거쳐 합성섬유가 만들어져요. 그렇다면 플라스틱과 합성섬유는 화학적으로 같은 물질이라는 사실을 알겠죠? 차이점은 분자의 집합 상태뿐이에요. PET는 플라스틱 상태에서는 페트로 불리지만, 섬유가 되면 폴리에스터 섬유라고 불립니다. 페트병을 뜨거운 물을 넣으면 부드러워지지만, 전체가 결정성인 폴리에스터 섬유는 다림질에도 견딜 수 있죠.

안경닦기나 합성 스웨이드 등에 사용되는 매우 가는 '극세사'가 있습니다. 이는 긴타로 사탕(사탕을 긴 막대 모양으로 만든 후 김밥 썰듯 자르면 단면에 모두 똑같은 모양이 나타난다. - 옮긴이)의 원리로 만들 수 있어요. 예를 들면 나일론에는 섞이지 않고 용매에는 녹는 수지를 하나 선택해 나일론과 섞어 녹인 다음 앞서 설명한 방법으로 합성섬유를 만듭니다. 그 후 섬유를 용매에 담그면 나일론 이외의 수지 부분이 녹아 아주 가느다란 나일론 섬유 부분만 남게 되죠.

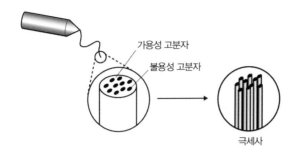

가용성 고분자
불용성 고분자
극세사

◎ 플라스틱의 믹스앤매치, 복합재료

서로 다른 소재를 합쳐서 만든 신소재를 복합재료라고 해요. 예를 들면 시멘트와 철근을 합체시킨 철근 콘크리트가 있죠. 누르는 힘에는 강하지만 잡아당기는 힘에는 약한 시멘트와 그 반대의 성질을 지닌 철근을 합쳐서 만든 철근 콘크리트. 누르는 힘과 잡아당기는 힘 모두에 강하기에 건축에 없어서는 안 되는 복합재료예요.

현대에 만들어지는 복합재료는 섬유 모양의 소재를 열경화성 수지로 굳힌 물질이 대부분이에요. 섬유 모양의 소재로는 유리 섬유가 자주 사용됩니다. 유리 섬유는 낚싯대, 욕조, 소형 선박 등 많은 분야에서 사용되고 있어요. 한편 금속을 섬유 모양으로 굳힌 물질도 있답니다.

가볍고 강한 탄소섬유

온갖 신소재 중 최근 주목받고 있는 것이 탄소섬유 강화 플라스틱이에요. 탄소섬유는 일본이 독자 기술로 개발한 섬유이자 세계에 자랑하는 기술입니다. 탄소섬유는 탄소 원자만으로 이루어진 섬유로, 그 분자는 54쪽에서 살펴본 그래핀을 찢어서 만든 가늘고 긴 리본이라고 생각하면 이해하기 쉬워요. 탄소섬유의 비중(比重)은 철의 4분의 1이며, 기계적인 강도는 철의 10배예요. 전도성도 뛰어난 소재랍니다.

그러나 탄소섬유는 그 자체로 사용되지 않아요. 탄소섬유를 직물로 만들고 이를 쌓아 올려 열경화성 수지로 굳힌 것이 탄소섬유 강화 플라스틱인데, 일반적으로 탄소섬유라고 할 때도 탄소섬유 강화 플라스틱을 가리켜요.

탄소섬유 앞에 놓인 과제

가볍고 강한 탄소섬유는 항공기의 기체에 매우 적합한 물질이에요. 2011년에 취항한 여객기의 보잉 787은 기체 비중의 50% 이상이 탄소섬유로 만들어졌다고 해요. 탄소섬유는 전투기 등의 군용기에도 없어서는 안 될 소재이므로, 탄소섬유의 수출은 군사 물질 수준의 규제를 받고 있어요.

탄소섬유는 에너지 절약에도 도움이 돼요. 만약 일본의 모든 항공기와 자동차에 탄소섬유가 사용된다면 무게가 가벼워지기에 연비가 향상되어 배출되는 이산화 탄소의 양이 2,200만 톤이나 줄어든다고 합니다. 이는 2016년의 일본의 이산화 탄소 총배출량(12억 톤)의 1.8%에 해당해요.

그렇지만 탄소섬유에도 단점은 있어요. 그건 바로 재질의 성질이 방향에 따라 다르다는 점이에요(비등방성). 이 때문에 실제로 사용하거나 다룰 때 독특한 노하우가 있다고 하죠.

또 하나의 단점. 이건 사실 모든 복합재료에 적용되는 이야기인데, 여러 종류의 소재가 분리 불가능한 상태로 섞이기 때문에 재활용이 어려워요.

마지막으로 탄소섬유의 전도성이 불러 온 끔찍한 이야기를 들려 줄게요. 탄소섬유가 처음 낚싯대에 사용될 무렵, 긴 장대를 메고 낚시터로 이동하다가 장대의 끝부분이 고압선에 닿아 감전되는 사고가 발생했습니다. 탄소섬유의 전도성 때문에 일어난 사고였죠.

플라스틱, 편견을 넘어 특수 능력을 발휘하다

플라스틱은 주로 랩, 양동이, 반찬통, 전자기기의 외관 부품 등 단순한 용도로 사용되곤 했어요. 그러나 최근 이런 개념을 넘어선 플라스틱이 등장했어요. 플라스틱이라고 상상하지 못했던 성질, 인간에게 도움을 주는 특수 능력을 갖춘 수지를 기능성 수지라고 불러요. 몇 가지 예시를 살펴봅시다.

◯ 없으면 큰일 나는 고흡수성 수지

일회용 기저귀의 흡수 부분에 사용되는 물질이 고흡수성 수지예요. 천연 수지(셀룰로스, 단백질 등)로 이루어진 종이나 천도 물을 흡수하지만, 고흡수성 수지의 흡수력은 단연 최고예요. 자기 무게의 1,000배나 달하는 물을 흡수할 수 있다고 해요.

고흡수성 수지의 비밀은 분자 구조에 있습니다. 사슬 모양의 구조가 아닌 느슨한 3차원 그물 구조로 되어 있거든요. 한번 흡수된 물 분자는 그물에 갇혀 도망칠 수 없죠.

그뿐만이 아닙니다. 그물을 만드는 섬유 모양의 분자에는 COONa 원자단이 많이 붙어 있습니다. 수지가 물을 흡수하면 COONa 원자단이 COO^-라는 음이온 부분과 Na^+라는 양이온 부분으로 나누어져요(이를 전리라고 합니다). 그러면 COO^- 부분 사이에 정전기적 반발력이 생기면서 그물이 활짝 펴져요. 그 결과, 물을 더욱 흡수하고 유지할 수 있게 되죠. 서로 밀고 끌어당기는 형태로 물을 계속 흡수해 나갑니다.

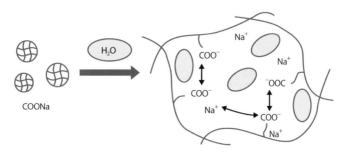

물(H_2O)을 흡수하면 COONa가 COO^-와 Na^+로 나뉩니다. 같은 전하를 띤 분자 사이에 정전기적 반발력이 생김으로써 3차원 그물망 구조가 퍼지게 됩니다.

고흡수성 수지는 기저귀 외에도 여러 용도로 사용돼요. 사막에 묻고 그 위에 나무를 심으면 급수 간격을 늘릴 수 있어요. 또한 스콜로 내린 물을 모아 둘 수도 있으니 사막의 녹지화에도 도움이 돼요.

⬡ 전기가 통하는 플라스틱

제가 학생일 때 유기 화합물에 전기가 통한다고 말하면 사람들이 비웃었어요. 하지만 지금은 단순히 전기가 통하는 것을 넘어 초전도성을 지닌 유기물까지 개발되고 있어요. 약 40~50년 사이에 화학은 엄청난 진보와 발전을 이룩했습니다.

전도성 수지의 발명

2000년에 노벨 화학상을 수상한 시라카와 히데키 박사는 전기가 통하는 플라스틱, 즉 전도성 수지를 발명한 업적을 세웠어요. 전도성 수지의 분자 구조가 폴리에틸렌과 매우 흡사해 폴리아세틸렌이라고 불러요.

폴리아세틸렌의 원료는 아세틸렌으로 3중 결합을 가지고 있어요. 2중 결합을 가진 에틸렌이 폴리에틸렌이 되면 단일 결합으로 바뀌는 것과 마찬가지로, 아세틸렌 역시 수지화하면 3중 결합이 2중 결합으로 남아요. 그 결과, 단일 결합과 2중 결합이 번갈아 늘어선 결합 구조가 생기죠. 이러한 결합을

짝 2중 결합이라고 해요. 짝 2중 결합은 특수한 성질을 지니고 있으며, 이 결합을 만드는 전자들은 분자 전체에 퍼져 있어 움직이기 쉬워요.

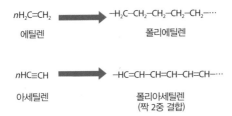

에틸렌을 원료로 하는 폴리에틸렌은 절연체입니다. 아세틸렌을 원료로 하는 폴리아세틸렌은 전도성 물질일 줄 알았으나 절연체였습니다.

전류는 전자의 흐름이에요. 전자가 흐르는 소재를 전도체라고 부르고, 전기가 흐르지 않는 소재를 절연체라 불러요. 그렇다면 폴리아세틸렌은 전기가 흐르는 전도체이지 않을까요? 그런데 합성된 폴리아세틸렌은 전혀 전기가 흐르지 않는 절연체였어요. 어떻게 된 일일까요?

전자도 교통 통제가 필요하다

연구 결과, 폴리아세틸렌에 전기가 흐르지 않는 이유는 전자가 너무 많았기 때문이었어요. 고속도로에 차가 너무 많으면 정체되는 것과 비슷한 원리죠. 정체를 해소하려면 어떻게 해야 할까요? 자동차를 빼내 적게 만들면 됩니다.

그래서 전자를 흡인하는 성질이 있는 아이오딘 분자[I_2]를 폴리아세틸렌에 소량으로 첨가했습니다(이를 도핑이라고 불러요). 이렇게 하는 것만으로 폴리아세틸렌은 금속 수준의 전도성을 획득하게 되었죠. 이렇게 만들어진 전도성 수지는 ATM의 부품 등 많은 용도로 사용되고 있어요.

🜂 바닷물을 순수한 물로 만드는 플라스틱

물질 중에는 이온 결합으로 만들어진 물질이 있어요. 소금[NaCl]이 대표적인 예입니다. Na⁺ 양이온과 Cl⁻ 음이온이 결합한 물질이에요.

이온을 다른 이온으로 바꿔 주는 기능성 수지가 있어요. 양이온 교환 수지는 임의의 양이온을 수소 이온[H^+]으로 교환할 수 있어요. 한편 음이온 교환 수지는 임의의 음이온을 수소화물 이온[OH^-]으로 교환할 수 있죠.

이 두 종류의 이온 교환 수지를 적당한 통에 넣고 바닷물을 부으면 어떻게 될까요? 바닷물에 있는 Na^+는 H^+로, Cl^-는 OH^-로 바뀌게 됩니다. 즉 소금[$NaCl$]이 물[H_2O]과 교환되는 거예요. 이는 소금이 녹아 있는 바닷물이 순수한 물로 바뀐다는 것을 의미하죠. 열이나 전기도 필요 없어요. 그저 바닷물을 부으면 순수한 물이 생깁니다. 단, 그 양에는 한계가 있겠죠? 수지에 함유된 H^+와 OH^-가 다 떨어지면 그걸로 끝입니다. 이때 수지에 OH^-와 H^+을 추가하면 다시 순수한 물을 만드는 데 쓸 수 있어요.

◯ 미생물에 분해되는 플라스틱이 꼭 필요한 이유

플라스틱은 편리한 물질이지만 환경을 오염시키는 골칫거리이기도 해요. 튼튼하다는 이점 덕에 널리 쓰이지만 버려진 플라스틱이 계속해서 환경에 머무는 건 곤란하죠. 최근에는 플라스틱이 부서지면서 지름 1mm 이하의 아주 작은 마이크로플라스틱의 피해가 대두되고 있어요. 마이크로플라스틱은 작은 동물의 소화관을 막을 뿐만 아니라 동물의 체내에서 분해·흡수되어 화학적인 피해까지 끼친다는 거죠. 이러한 피해를 막기 위해 개발된 물질이 생분해성 수지예요. 환경에서 미생물에 의해 분해되는 수지입니다.

셀룰로스와 단백질 등의 천연 수지는 모두 미생물에 의해 분해될 수 있는 생분해성 수지입니다. 그러나 화학자가 생각하는 생분해성 수지는 조금 달라요. 젖산 등을 단위 분자로 한 인공 수지로, 생리식염수에 넣어두면 몇 주에서 몇 개월 동안 분해되어 절반으로 줄어들어요.

이런 수지는 내구성이 약하기 때문에 용도가 제한적이에요. 무엇보다도 용액 형태의 물질을 장기간 보관할 수 없어요. 그러나 빨대나 일회용 컵, 컵라면 용기 등이라면 문제없겠죠?

한편 생분해성 수지 고유의 용도도 있어요. 바로 수술할 때 사용하는 봉

합실이에요. 만약 그냥 실로 수술을 한다면, 내장 기관을 수술하기 위해서는 수술이 한 번으로 끝나지 않아요. 수술을 하고 시간이 경과한 후 실밥을 풀기 위해 또 배를 여는 수술을 해야 하죠. 하지만 생분해성 수지로 만든 실은 시간이 지나면 체내에서 분해되고 흡수되기 때문에 실밥을 풀기 위한 재수술을 할 필요가 없어요.

🔵 알고 보니 우리 입속에 최첨단 플라스틱이!

대부분의 유기 화합물을 반응시키기 위해서는 외부에서 에너지를 받아야 해요. 보통은 열 에너지의 형태로 받곤 하는데요. 빛 에너지를 받아 반응하기도 해요. 그중 하나가 바로 2개의 2중 결합이 서로 연결되는 반응이에요.

$$CH_2=CH_2 + CH_2=CH_2 \xrightarrow{\text{빛}} \begin{array}{c} H_2C-CH_2 \\ |\quad\ | \\ H_2C-CH_2 \end{array}$$

에틸렌   사이클로뷰테인
(사원자 고리)

2중 결합이 풀어져 마치 서로 손을 잡은 것 같습니다.

이 반응을 이용한 것이 광경화성 수지로, 충치 치료 등에 이용돼요.

원리는 다음과 같아요. 이곳저곳에 적절한 수의 2중 결합을 가진 사슬 모양 구조의 수지를 만드는 거예요. 사슬 모양이니 열가소성 수지겠지요? 이 수지는 열을 받으면 부드러운 액체가 되는데요, 이 액체를 충치를 치료하느라 뚫은 구멍에 스며들게 해요. 여기에 빛을 비추면 2중 결합한 부분이 마치 다리처럼 옆 사슬과 이어져 그물망 구조로 변해요. 이는 앞서 살펴본 열경화성 수지와 같은 구조예요. 즉, 치아에 난 구멍 모양으로 굳어 견고한 고체로 변하는 거죠.

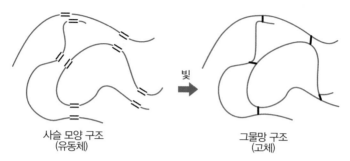

사슬 모양 구조   그물망 구조
(유동체)   (고체)

사슬 모양 구조를 가진 플라스틱 액체에 빛을 비추면 그물망 구조의 고체로 바뀝니다.

carbon

제7장

에너지를 지배하는
탄소 왕국

탄소는 물질뿐만 아니라 에너지도 만들어서 인류에게 제공합니다. 인류는 이 에너지를 이용해 현재의 문명을 건설했죠. 하지만 에너지는 언젠가 고갈됩니다. 인류는 이 문제에서 벗어날 수 없어요.

생명체를 근원으로 삼는 바이오 에너지

현대 사회는 에너지 위에 세워져 있어요. 비행기와 자동차는 석유 에너지로 움직이고, 컴퓨터는 전기 에너지로 작동되죠. 그 전기 에너지도 대부분 발전소에서 석탄, 석유, 천연가스 등의 화석 연료를 연소해서 만들어내요. 즉, 현대 사회를 지탱하는 에너지 대부분은 탄소가 공급하고 있습니다.

에너지 중에서 식물, 동물, 미생물 등의 생체에서 생산되는 에너지를 바이오 에너지라고 불러요. 하나하나 살펴봅시다.

◯ 나무를 태우면 다시 나무로 돌아온다

역사가 시작될 무렵, 인류가 처음으로 경험한 열 에너지는 태양열을 제외하면 화산 폭발이나 산불 때문에 불에 탄 목재에서 나오는 연소열이었을 거예요.

이후 오랫동안 인류는 식물을 연료로 열 에너지를 획득해 왔어요. 마른 나무나 물에 떠내려가는 나무를 줍고, 살아있는 나무를 베어 장작으로 사용했어요. 풍력이나 수력 혹은 동물의 힘 등 자연 에너지를 제외하면 인류가 제어할 수 있는 에너지는 이 열 에너지뿐이었죠.

오랫동안 인류는 목재, 즉 탄소를 에너지원으로 삼아 문명을 유지해 왔어요. 최근 들어 식물과 동물의 유지를 태워 램프나 사방등의 불빛을 낼 수 있게 되었는데, 유지도 탄소 화합물이에요.

유기 화합물의 집합체인 식물은 불에 타면 이산화 탄소[CO_2]가 되고, 다음 세대에 자라나는 식물은 이 이산화 탄소를 이용해 광합성하며 성장합니다. 따라서 식물 특히 목재를 태우는 것은 목재를 재생산하는 일이나 마찬가지예요. 이 '재생산'이 바로 목재를 비롯한 바이오 에너지의 가장 큰 특징이에요.

반면 화석 연료는 어떤가요? 화석 연료를 태워서 나온 이산화 탄소는 다른 식물을 자라게 할 뿐 화석 연료로 재생산되지 않아요. 즉 화석 연료는 사용하면 끝이에요. 화석 자원은 언젠가 고갈된다는 뜻입니다.

〇 미생물의 힘을 이용해 에너지를 만들어 보자

미생물의 힘을 이용해 생산한 연료를 바이오매스 에너지라고 해요.

곡물을 발효시켜 만드는 에너지

바이오에탄올은 이미 오래전에 완성된 기술을 연료 관점에서 재검토하고 개량한 것이라고 할 수 있어요. 옥수수 등의 곡물은 효모균에 의해 알코올 발효되고, 거기서 에탄올을 증류 추출한 것이 바이오에탄올이에요.

현재 석유로 움직이는 내연 기관을 이 에탄올을 이용해 움직이게 하려는 연구가 활발해요. 문제는 비용과 윤리입니다. 바이오에탄올의 단위 에너지당 비용을 석유 수준까지 낮추는 건 어려운 일이거든요. 한편 윤리적인 측면에서는 '많은 사람들의 중요한 식량으로 쓰일 곡물을 석유 대체 물질로 전환해도 되는가?' 하는 문제가 있어요.

한편 과학적인 측면에서 더 살펴야 할 문제도 있어요. 효모는 녹말을 직접 알코올 발효할 수 없어요. 녹말이 분해되어 나온 글루코스를 알코올 발효하죠. 따라서 녹말을 분해하기 위해 일본 술을 만들 때는 누룩을, 맥주와 위스키를 만들 때는 맥아를 사용해요.

물론 글루코스는 셀룰로스에서도 얻을 수 있어요. 초식 동물은 셀룰로스를 글루코스로 분해할 수 있기에 셀룰로스를 식량으로 삼을 수 있는 거죠. 미생물 중에서도 셀룰로스를 분해할 수 있는 것이 있긴 해요.

그렇다면 셀룰로스를 분해하는 미생물을 이용해 셀룰로스를 글루코스로 분해하고, 그것을 효모가 알코올 발효하면 좋겠죠? 하지만 알맞은 균을 좀처럼 찾을 수 없다고 하네요.

폐기물을 이용해 만드는 바이오가스 에너지

바이오가스 에너지는 미생물을 이용해 가스 연료를 얻는 기술이에요. 현재 실용화한 것은 유기물을 메테인균으로 혐기 발효시켜 메테인 가스를 생성하는 기술이에요. 원료로 하수나 음식물 쓰레기 등 각종 폐기물을 이용할 수 있기 때문에 바이오에탄올보다 자원의 제약이 적다는 이점이 있어요. 뿐만 아니라 설비도 간단해 기존 오수 처리 시설을 개조하는 등 비교적 적은 투자로 에너지 생성이 가능하죠.

하수 처리 시설 등에서 자연 발생하는 메테인 가스는 온실 효과를 일으키는데 이산화 탄소의 약 20배나 강력한 효과를 보인다고 해요. 다시 말해 공기 중으로 방출된 메테인 가스는 지구 온난화의 원인이 돼요. 이를 연료로써 효과적으로 이용하면 에너지 생성과 환경보호를 동시에 할 수 있겠죠?

메테인 가스가 아니라 수소 가스를 발생시키려는 연구도 진행 중이에요. 흰개미의 소화기관에서 살고 있는 공생균에서 수소를 생성하는 균을 발견했다고 하는데, 이제 흰개미도 에너지 생성에 도움이 될 수 있겠네요.

우리 생활을 떠받치고 있는 화석 연료

식물을 비롯한 생물은 시들거나 죽어서 땅속에 묻히면 지압과 지열에 의해 변성돼요. 이렇게 생성된 것이 화석 연료입니다. 우리가 잘 아는 석탄, 석유, 천연가스가 대표적인 화석 연료예요.

매장량이 알려진 화석 연료를 사람들이 지금과 같은 속도로 사용한다면 앞으로 몇 년이나 쓸 수 있을지 계산한 것을 가채 매장량이라고 합니다. 여러 추산이 있지만 석탄은 약 120년, 석유와 천연가스는 약 35년이라고 하네요. 원자력 발전의 연료인 우라늄도 가채 매장량을 계산할 수 있는데 약 100년이에요. 모든 에너지 자원이 언젠가는 고갈되리라 예상할 수 있겠네요.

🔵 석탄을 액체로 만들 수 있다면

인류는 상당히 일찍부터 불타는 돌(석탄)과 불타는 액체(석유)를 알고 있었던 것 같지만, 이것들을 에너지원으로 사용하게 된 시기는 18세기 산업혁명 때부터였어요. 이 시기에 적극적으로 사용하게 된 연료가 석탄이며, 석탄에서 얻을 수 있는 강력한 화력과 에너지가 산업혁명의 원동력이 되었죠.

석탄은 에너지 공급 이외에 철의 공급 측면에서도 크게 기여했어요. 순수한 금속으로 채굴되는 금 등의 귀금속과 달리, 철은 산소와 결합한 산화철로 산출돼요. 산화철에서 철을 얻으려면 산소를 제거하는 환원을 거쳐야 하죠. 이 환원제로 탄소를 사용하는데, 탄소 공급제로 석탄이 아주 편리했습니다.

이후 액체 화석 연료인 석유와 기체 화석 연료인 천연가스가 보급되자 상대적으로 사용하기 번거로운 석탄은 한동안 사람들의 무관심 속에 잊었어요. 그러나 현재 석탄은 가채 매장량이 많다는 측면에서 다시 주목받고 있고, 석탄을 액화하거나 기화하는 기술도 개발되고 있어요.

🔵 석유, 대체 언제 다 없어져요?

석유도 화석 연료예요. 액체라 사용이 편리하기에 대량으로 채굴되고 있어요. 가채 매장량이 점점 줄어들어 현재 기준으로 앞으로 약 35년 정도 쓸양이 남았다고 해요. 그런데 1973년 오일 쇼크 때도 가채 매장량은 30년 정도라고 추정했었죠. 이후 45년이 훌쩍 지난 지금도 석유는 고갈되지 않았어요. 새로운 유전이 발견되고 채굴 기술이 진보한 동시에, 에너지를 절약하는 기술이 꾸준이 개발되었기 때문이죠.

석유는 어떻게 만들어질까

제가 초등학생 때는 석유는 땅속에 묻힌 생물의 유해가 분해되어 생긴 화석 연료라고 배웠어요. 하지만 지금은 석유가 만들어지는 원인을 설명하는 여러 가설이 나왔죠.

유기물로부터 석유가 형성된다는 가설을 유기 기원설이라고 해요. 주로 미국과 서유럽에서 지지받고 있어요. 반면 러시아를 중심으로 한 동유럽의 국가들은 석유는 땅속에서 현재도 계속 생산된다는 무기 기원설을 취하고 있고요. 무기 기원설은 주기율표로 유명한 드미트리 멘델레예프가 주창한 것으로 상당히 오래된 가설입니다. 그런데 금세기에 들어 미국의 유명 천문학자 토머스 골드가 이 가설을 주장하면서 다시 주목받고 있어요.

그렇다면, 석유의 양은 정말 무궁무진할까

골드의 말에 따르면 행성이 생길 때 중심에 대량의 탄화수소가 갇힌다고 해요. 탄화수소 일부가 다이아몬드가 되었을 가능성이 있다는 것은 48쪽 2-1에서 이야기한 바 있죠. 이러한 탄화수소가 비중 때문에 솟아오른 다음 지압과 지열의 변성을 받아 형성된 것이 바로 석유라는 이야기예요.

한번 고갈된 유전에 석유가 되돌아오는 현상도 있다고 해요. 또한 생물이 매장되었다고는 생각할 수 없을 정도로 엄청나게 깊은 곳에 있는 석유도 있고요. 유전의 존재 지대와 과거의 생물 생존 지대가 다르다는 주장도 있어요. 확실히 유기 기원설에서는 설명할 수 없는 현상이 여러 가지 있는 듯합니다.

무기 기원설에 따르면 석유의 매장량은 거의 무궁무진해요. 가채 매장량 등의 말은 확 하고 사라져 버려요. 유가를 좌지우지하는 중동의 입지는 약해지고, 서방 국가들의 경제 체제 역시 변화하지 않으면 안 될 것입니다. 여러 문제가 한꺼번에 터지겠죠. 석유는 과학만으로는 다룰 수 없는 어렵고 복잡한 문제입니다.

이 밖에 세균 기원설도 있어요. 일본 지바현에서 발견된 어떤 세균은 이산화 탄소를 원료로 석유를 생산한다고 해요. 실험으로 검증했기 때문에 틀림없는 사실이에요. 시험 공장에서 생산을 시작했지만 비용이 많이 든다고 하네요.

언젠가 석유가 정확히 어떻게 형성되었는지 밝혀지겠죠.

◐ 우리 집 부엌으로 들어오는 깨끗한 화석 연료

천연가스는 보통 석유와 같이 생물이 유해가 분해되어 만들어졌다고 여겨집니다(유기 기원설). 하지만 땅속의 무기 탄소에서 만들어졌다는 가설도 있어요(무기 기원설).

천연가스의 주성분은 메테인[CH_4]이에요. 그 이외에 에테인[CH_3CH_3]과 프로페인[$CH_3CH_2CH_3$] 등을 포함하는데 그 양은 채굴지에 따라 달라요. 일본의 도시가스는 주로 천연가스로 90% 이상이 메테인이에요.

석유와 달리 천연가스에는 질소[N]이나 황[S] 등의 불순물이 적기 때문에 연소 과정에서 낙스(NO_X)라 불리는 질소산화물과 삭스(SO_X)라 불리는 황산화물 배출량이 적어요. 깨끗한 연료라고 할 수 있겠네요.

탄화수소만으로 이렇게 다양한 물질이 만들어지다

천연가스의 주성분은 메테인[CH_4]으로 탄소 수는 1개예요. 거기에 포함되는 불순물 에테인[CH_3CH_3], 프로페인[$CH_3CH_2CH_3$], 뷰테인[$CH_3(CH_2)_2CH_3$]은 각각 탄소 수가 2, 3, 4개예요.

석유(원유)는 기본적으로 탄화수소지만, 많은 성분이 포함되어 있기 때문에 증류하여 그 성분을 나누어요. 탄소 수가 대략 5~10개 정도인 탄화수소 화합물은 휘발유, 10~20개 정도인 탄화수소 화합물은 경유, 17개 이상인 탄화수소 화합물은 중유로 나뉘죠. 이것들은 모두 액체예요.

탄소 수가 20개 이상이 되면 고체가 되는데, 이를 파라핀이라고 불러요. 한편 탄소 수가 1만 개가 넘는 폴리에틸렌은 딱딱한 고체예요.

이처럼 가스(메테인, 에테인, 프로페인, 뷰테인), 휘발유, 경유, 중유, 파라핀, 폴리에틸렌 등은 이름이나 형상, 성질 모두 크게 달라요. 하지만 본질은 모두 탄소와 수소만으로 이루어진 탄화수소라는 사실! 탄화수소만으로도 이렇게 다양한 종류의 물질이 만들어져요. 탄소 왕국의 다양성을 잘 알겠죠?

주목받는 새로운 화석 연료

기존의 화석 연료들인 석탄, 석유, 천연가스는 아무래도 고갈이 문제가 되고 있죠. 요즘은 새로운 유형의 화석 연료에 관심이 쏠리고 있어요.

◎ 불타는 얼음, 메테인 하이드레이트

셔벗처럼 하얀 고체지만 불을 붙이면 푸른 불꽃을 내며 타오릅니다. 메테인 하이드레이트의 '하이드레이트'는 '수화(水和)' 즉, 물과 결합했다는 것을 의미해요. 한편 '메테인'은 천연가스의 주성분인 그 메테인이 맞아요. 즉 메테인 하이드레이트는 물과 메테인이 결합한 물질이에요. 메테인 하이드레이트의 분자 구조는 다음 그림과 같아요.

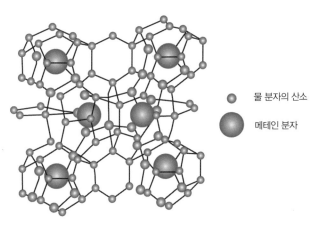

물 분자의 산소

메테인 분자

'바구니' 속에 메테인 분자가 들어 있습니다. '바구니'는 물 분자가 연결되면서 만들어진 물질입니다. 즉 메테인 하이드레이트는 여러 개의 분자가 모여서 만들어진 고차 구조체로 초분자의 대표적인 예시입니다.
실제로는 대부분의 '바구니'가 서로 한 변씩 공유하면서 연결되었기 때문에 메테인 1개당 물 분자 수는 15개 정도입니다.

불을 붙이면 메테인만 타고 물은 타지 않고 수증기가 되어 날아갑니다. 만약 메테인 하이드레이트를 석유 난로에 그대로 넣고 태운다면 큰 문제가 생길 거예요. 대량의 수증기가 실내에 가득 채우고 유리 같은 차가운 곳에 수증기가 붙으면 결로가 생기겠죠. 보통 메테인 1분자를 태우면 물 분자가 2개 나오는데, 메테인 하이드레이트는 메테인을 태워서 나오는 2개의 물 분자에 자체 물 분자 15개까지 합쳐 17개나 나옵니다. 그냥 메테인의 8배 이상이에요. 그러니 유리에 결로가 조금 맺히는 정도로 끝나지 않을 거예요.

메테인 하이드레이트는 해저에 있어요. 대륙붕 부근, 수심 200~1,000m 정도 되는 곳에 눈처럼 쌓여 있다고 해요. 채취할 때는 분해해 메테인만 추출하고요. 그런데 기술적으로 물 분자로 이루어진 바구니는 그대로 두고 안에 들어 있는 메테인만 이산화 탄소로 교환할 수 있다고 해요. 그렇다면 메테인을 추출해 태워 에너지를 얻고, 이 과정에서 발생한 이산화 탄소는 원래의 물 바구니로 넣는 꿈 같은 일도 가능하지 않을까요?

일본에서는 아이치현 아쓰미반도 앞바다에서 시험 채굴이 진행되고 있어요. 세계 최초의 시도입니다.

◯ 암석 속에 숨어 있는 셰일가스

셰일가스를 '셸(조개껍데기)' 가스로 오해할 수 있는데, 셰일은 암석의 일종으로 한자어로는 혈암(頁巖)이라고 해요. 혈암은 퇴적암의 일종으로, 얇은 암석층 사이에 천연가스가 내장되어 있어요.

셰일가스의 존재는 이전부터 알려져 있었지만, 문제는 그 깊이였죠. 지하 2,000~3,000m에 내장되어 있었기 때문입니다. 금세기에 들어서 겨우 셰일가스를 채굴할 수 있게 되었어요. 셰일가스가 매장된 곳에 비스듬하게 갱도를 파는 기술이 확립되었거든요. 그러나 여기서부터가 문제예요. 화학약품을 섞은 고압수를 주입해 혈암층을 파쇄한 뒤 천연가스를 빨아들여야 하거든요.

이 과정은 상당한 환경 파괴를 동반합니다. 실제로 셰일가스를 채취하는 곳 주변에서는 작은 지진이 빈번하게 일어나고, 고압수에 쓰는 지하수를 퍼올리면서 지반침하가 일어나고, 화학약품에 지하수가 오염되는 현상이 일어난다고 합니다. 하지만 셰일가스는 유동성이 없어서 이런 방법으로 채굴할 수밖에 없어요. 유동성이 없으니 갱도를 하나 파도 거기서 꺼낼 수 있는 가스는 갱도 주변으로 한정되고요. 하나의 갱도에서 셰일가스를 채취하는 기간은 고작 몇 년밖에 되지 않는다고 하네요.

여러 문제가 있지만 셰일가스의 위력은 매우 컸습니다. 미국의 천연가스 값이 크게 떨어졌거든요. 그러나 천연가스와 본격적으로 가격 경쟁이 붙으면서 설비 비용이 많이 드는 셰일가스의 입지가 위태롭다는 이야기도 들려

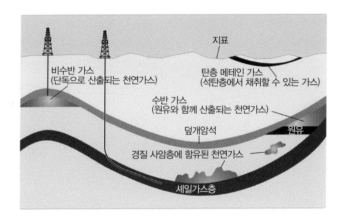

셰일가스층에 파이프를 수평으로 넣어 가스를 채굴합니다.
※ 출처: "U.S. Energy Information Administration(EIA)", https://www.eia.gov/

오네요.

◈ 셰일오일, 석유의 대안이 될 수 있을까

셰일오일은 셰일가스와 마찬가지로 혈암에 흡착된 오일이에요. 채굴 방법은 셰일가스와 동일하며, 같은 갱도에서 가스와 오일 모두 채취할 수도 있죠. 오일만 있는 혈암은 얕은 지층에 있어 소위 '노천 채굴'도 가능해요.

하지만 셰일오일의 오일은 석유가 아니에요. 석유가 되기 전 단계인 케

로겐(유모)으로, 케로겐을 석유로 만들려면 400~500℃로 가열해야 합니다.

이미 상업적 목적으로 채굴이 시작되었지만 환경 문제도 고려해야 해요.

◯ 오일 샌드와 탄층 메테인 가스의 가능성

셰일가스나 셰일오일과 비슷한 것으로 오일 샌드와 탄층 메테인 가스가 있어요.

오일 샌드는 사암(砂巖)에 갇혀 있는 기름을 말해요. 이 기름은 석유 중 휘발 성분이 제외되고 남은, 즉 중유나 석유 피치(석유를 분류한 뒤에 남는 검은색의 고체나 반고체. – 옮긴이)에 해당해요. 따라서 오일 샌드를 석유로 이용하려면 열분해 등의 화학 조작이 필요합니다. 이 때문에 비용이 많이 들고 환경 문제도 일으킬 수 있어요. 다만 매장량이 방대해 원유 매장량을 뛰어넘죠.

탄층 메테인 가스는 석탄층에 잠긴 천연가스예요. 일본의 탄광에 존재하는 탄층 메테인 가스의 매장량은 일본의 천연가스 전체 가채 매장량과 맞먹는다고 하니 대단하죠?

엄청난 에너지를 폭발적으로 내뿜는 유기 화합물

폭약은 대량의 에너지를 한꺼번에 방출하는 유기 화합물이에요. 폭약은 폭탄 혹은 전쟁이 연상되어 위험하다는 생각이 드나요? 하지만 폭약이 없었다면 파나마 운하도 완성할 수 없었고 불꽃 축제도 할 수 없으며, 자동차 에어백도 부풀어 오르지 않을 거예요.

○ 폭약과 폭발을 자세히 알아보자

폭발이라고 다 같은 폭발이 아니에요. 각 폭발마다 원리가 다르죠. 우선 풍선 폭발은 용기 안에 허용 한도를 넘어서는 부피의 기체가 들어가면서 용기가 견디지 못하고 터지는 것을 말해요.

화산에서 일어나는 수증기 폭발은 고온의 마그마에 의해 엄청난 양의 지하수가 수증기로 변화하면서 부피가 급격히 팽창해 일어나는 폭발이에요. 튀김을 하려고 프라이팬에 기름을 부어 가열해 두었는데 거기에 물을 붓는 격이죠.

수소 폭발은 가연성 기체(수소)에 불이 붙으면서 그 에너지로 기체가 급속히 팽창해 일어나는 폭발을 말해요.

한편 폭약의 폭발은 연료가 급속하게 연소하면서 일어나는 폭발이에요. 연소할 때는 산소가 필요해요. 물론 폭약 주변에 있는 공기의 5분의 1은 산소예요. 하지만 폭발 같은 급속한 반응이 일어나려면 그 정도 양으로는 한참 부족하죠. 그래서 연소 자체에 산소를 넣어 두어야 해요.

이러한 목적에 적합한 원자단이 나이트로기[-NO$_2$]라고 불리는 치환기예요. 나이트로기 안에 있는 2개의 산소를 연소에 사용하는 것입니다. 나이트로기의 개수는 많을수록 좋지만, 너무 많으면 폭약 자체가 불안정해져 위험하고 실용성이 떨어진답니다.

🔵 TNT와 시모세 화약

이러한 관점에서 개발된 것이 벤젠 고리에 나이트로기를 적용한 폭약이었어요.

폭발력의 기준이 된 TNT

TNT는 트라이나이트로톨루엔의 약자로, 용제에 사용되는 화합물 톨루엔에 질산[HNO_3]과 황산[H_2SO_4]을 반응시킨 물질이에요. TNT는 노란 결정(분말)이지만, 융점이 80.1℃로 낮기 때문에 액체 상태로 포탄에 채울수 있어 다루기가 편해요.

TNT는 현대의 대표적인 화약이며, 모든 화약의 폭발력에 대한 기준으로 사용되고 있습니다. 즉, '이 화약 1g과 같은 폭발력을 TNT에서 얻으려고 한다면 TNT는 몇 g이 필요한가'를 계산하는 거죠. 수소 폭발의 폭발력은 메가톤 단위로 나타내는데, 1메가톤은 TNT 100만 톤의 폭발력에 해당해요.

러일 전쟁의 주역이었던 시모세 화약이 도태된 이유

TNT는 1863년 독일에서 개발되었어요. 그러나 당초에는 폭약으로 인식되지 않고 그저 노란색 염료로 취급되었다고 해요.

러일전쟁(1904~1905년) 당시 폭약은 현대의 폭약과는 달랐습니다. 러시아의 발트 함대가 사용하던 화약은 구식의 흑색 화약으로 목탄가루(탄소[C])나 유황[S]을 연료로 하고, 초석(질산칼륨[KNO_3])을 산소원으로 하는 폭약이에요. 불꽃놀이에 사용하는 화약과 같아요.

반면 일본군이 사용한 것은 시모세 화약이라 불리는 피크르산이었어요. 피크르산은 TNT의 메틸기[$-CH_3$]를 하이드록시기[$-OH$]로 바꾼 것으로, 산소 공급력이 TNT보다 강하고 그만큼 폭발력도 TNT보다 강하죠.

흑색 화약은 피크르산의 상대가 되지 않아요. 일본 해군은 러시아 해군을 괴멸시킬 정도의 타격을 주고 러일 전쟁에서 승리를 거둘 수 있었습니다.

하지만 피크르산은 치명적인 결점도 있었습니다. 피크르'산'은 명칭에서 알 수 있듯 산성 물질이에요. 산성 물질과 철이 맞닿으면 철이 산화되어 약해져요. 포탄이 피크르산에 닿아 약해지면 포탄이 발사 충격으로 총신 내에서 폭발할 수도 있어요. 일본군은 이를 막기 위해 포탄 내부에 옻칠을 하기도 했지만 폭발 사고를 제대로 막지 못했다고 해요. 자연스레 피크르산 대신 TNT가 널리 쓰이게 되었고 현대에 이르렀어요.

톨루엔에 질산[HNO_3]과 황산[H_2SO_4]을 반응시킨 것이 TNT로 현대의 대표적인 화약입니다. 피크르산(시모세 화약)은 TNT보다 강력하지만 다루기가 어려웠습니다.

⬡ 과학 발전에 기여한 폭약

광산이나 토목 공사에서 이용되는 대부분의 폭약은 다이너마이트예요. 나이트로글리세린을 이용해 만든 폭약이죠. 나이트로글리세린은 지방을 가수분해해서 얻을 수 있는 글리세린에 질산과 황산을 작용시켜서 만드는 황색의 액체로 물보다 무거워요. 폭발력은 강력하지만 매우 불안정해 약간의 충격에도 폭발하고 말아요. 이래서는 너무 위험해 만질 수조차 없겠죠.

알프레드 노벨은 나이트로글리세린을 규조토에 넣으면 안정성을 확보하면서도 폭발력이 강력한 폭약이 된다는 사실을 발견했어요. 이렇게 해서 만든 폭약이 다이너마이트예요. 1867년 노벨은 다이너마이트의 특허를 받았어요.

다이너마이트의 수요는 엄청났고, 노벨은 억만장자가 되었어요. 그 이자로 운용되는 것이 여러분이 잘 아는 노벨상이에요.

한편 나이트로글리세린은 폭약뿐만 아니라 협심증의 특효약으로도 알려져 있습니다. 다이너마이트 제조 공장에서 일하는 직원들 중에 협심증을 앓던 사람들이 있기도 했습니다. 그런데 그 사람들이 집에서는 가끔 발작을 일으켰는데 공장에서는 그런 적이 없었다고 해요. 이를 계기로 나이트로글리세린의 효과가 발견되었죠.

이 신기한 현상에 대한 과학적 설명은 다소 뒤늦게 이루어졌어요. 나이트로글리세린이 체내에 들어가면 분해되어 일산화 질소[NO]가 되는데 이것이 혈관을 확대하는 작용이 있었던 거죠. 이를 발견한 미국의 의학자는 1998년 노벨 생리의학상을 수상했어요. 1901년에 창설된 노벨상이 거의 100주년에 가까워질 무렵, 노벨상의 기초가 된 나이트로글리세린의 연구에 노벨상이 주어져 큰 화제를 불러 모았답니다.

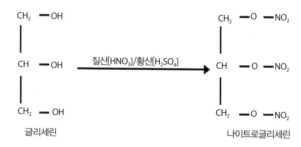

글리세린 → 나이트로글리세린

질산[HNO₃]/황산[H₂SO₄]

◎ 폭약은 중립이다

폭약은 전쟁에만 쓰이지 않아요. 평화롭고 건설적인 목적으로도 사용되고 있죠. 특히 광산 개발과 채굴은 폭약 없이는 진행할 수가 없답니다.

1869년, 세계 2대 운하 중 하나인 수에즈 운하가 만들어졌어요. 그 당시에는 다이너마이트가 일반적으로 쓰이지 않았기 때문에 사람의 힘으로 다 팠겠죠?

이후 20세기에 들어서 파나마 운하의 건설 계획이 세워졌어요. 기술 총책임자는 수에즈 운하를 완성한 페르디낭 드 레셉스였어요.

하지만 실패로 돌아가고 말았어요. 이유 중 하나는 남아메리카 대륙 특유의 풍토병인 황열병 때문이었다고 합니다. 고온과 질병이 만연한 환경에서 인력으로 파는 데는 한계가 있었겠죠. 실패로 끝난 7년의 공사 기간에 전염병으로 숨진 사람은 약 22,000명에 달했어요.

그 후 공사는 다시 시작되었고 1914년 마침내 파나마 운하를 완공할 수 있었어요. 전염병 대책을 세울 수 있을 정도로 의학이 진보하기도 했지만 무엇보다도 다이너마이트를 사용할 수 있었기 때문이었어요.

태양 에너지를 붙잡는 유기 태양전지

　지금까지 살펴본 에너지들은 모두 고에너지 상태의 탄소나 유기 화합물을 반응시켜 이산화 탄소 등의 저에너지 물질로 변화시키고 이때 방출되는 에너지를 이용하는 것이었어요. 이번에 다루는 유기 태양전지는 그런 에너지들과 전혀 달라요. 탄소나 유기 화합물 모두 아무런 변화가 없어요. 그저 유기 화합물인 전자가 태양의 빛 에너지를 이용해 순환할 뿐이죠.

🔘 반도체로 만드는 태양전지

　태양전지는 몇몇 예외를 제외하면 규소[Si]를 이용해 만들어요. 실리콘이라는 이름으로 더 널리 알려진 규소는 무기물입니다. 그런데 최근 유기 화합물로 만들어진 유기 태양전지가 등장했어요.

　유기 태양전지의 원리를 알아보기 전에 실리콘 태양전지를 예로 태양전지의 원리를 살펴보겠습니다.

　태양전지는 반도체를 이용해요. 반도체란 도체와 절연체의 중간 정도의 전도도를 가지는 물질을 말해요. 대표적인 반도체는 단일 원소로 이루어진 반도체, 즉 원소 반도체(단일 원소로서 반도체성을 나타내는 물질. 규소, 게르마늄 등이 있다. - 옮긴이)입니다. 여기에 사용되는 대표적인 원소가 실리콘이에요. 그러나 실리콘은 전도도가 너무 작아서 태양전지에는 적합하지 않아요. 그래서 실리콘에 소량의 불순물을 섞어 질을 개선하는 작업을 거쳐요. 이렇게 인위적으로 만든 반도체를 일반적으로 불순물 반도체라고 불러요.

　실리콘에 인[P]을 혼합하면 전자가 많은 n형 반도체가 되고, 붕소[B]를 혼합하면 전자가 적은 p형 반도체가 돼요. 실리콘 태양전지는 이 두 종류의 반도체를 2장의 전극으로 포갠 구조로 되어 있어요. 단, n형 반도체의 위에 있는 전극은 빛을 통과해야 하기에 투명한 재질의 전극을 놓아 둡니다.

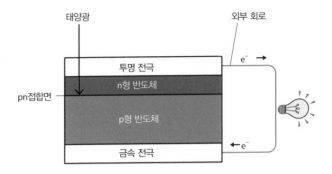

태양전지의 구조입니다. 태양광이 투명 전극을 투과해 들어옵니다. 매우 얇고 투명한 n형 반도체도 통과해 두 반도체의 접합 부분인 pn접합면에 다다릅니다. 그러면 접합면의 전자가 빛 에너지를 받아 고에너지 상태가 되어 운동을 개시합니다. 전자는 n형 반도체를 통과해 투명 전극에 도달한 뒤 외부 회로에 들어갑니다. 그리고 외부 회로를 돌고 금속 전극에 들어간 후 p형 반도체를 지나 원래의 pn접합면으로 돌아옵니다. 외부 회로에 전구가 연결되어 있다면 에너지가 전달되어 점등됩니다. 이것이 태양전지의 원리입니다.

이것으로 태양전지가 완성되었습니다. 움직이는 부분이나 연료를 넣는 부분도 없어요. 그냥 네모난 판처럼 생겼죠. 연료를 보급할 필요도, 보수하거나 수리할 필요도 없어요. 가끔 표면에 오염된 부분을 청소하기만 하면 됩니다.

◯ 탄소로 반도체를 만들어 보자!

유기 태양전지의 발전 원리는 실리콘 태양전지와 완전히 똑같아요. 차이점은 반도체가 실리콘이 아니라 유기 화합물이라는 점이죠. n형과 p형의 유기 반도체 구조를 다음 192쪽에 그림으로 나타냈습니다. C_{60}풀러렌(풀러렌은 탄소가 60개인 C_{60}풀러렌이 가장 일반적이지만 크기가 다양하여 탄소 70개나 72개 등의 풀러렌도 존재한다. 따라서 풀러렌의 종류를 확실히 하고 싶을 때는 탄소 수를 옆에 적어 표시한다. - 옮긴이) 등 앞서 살펴본 친숙한 화합물들이 보이네요.

유기 태양전지의 발전력은 실리콘 태양전지보다 낮아요. 그러나 유기 태양전지는 유기 화합물 고유의 강점이 있죠. 가볍고 유연할 뿐만 아니라 색을 입혀서 디자인할 수 있답니다. 여러 용도에서 가성비가 있다고 검증되었고, 다양한 분야에서 사용되고 있어요.

n형 반도체의 원료인 페닐-C_{61}-부틸산 메틸에스터(PCBM)의 구조입니다. Me란 메틸기(-CH_3)를 말합니다.

p형 반도체의 원료인 위치규칙적인 폴리티오펜(P3HT)의 구조입니다.

carbon

제8장

유기화학 연구실에서 벌어지고 있는 일

탄소 왕국은 계속해서 진보하고 있어요. 전기가 통하는 유기물, 하나의 분자가 자동차처럼 움직이는 유기물이 개발되고 있어요. 인간은 이제 무엇이든 만들 수 있게 되었죠. 탄소 왕국은 희망으로 가득 차 있어요.

생명을 만들고 삶을 풍요롭게 하는 초분자의 힘

탄소 원자는 다른 원자와 결합해 유기 분자를 구성하여 고유의 성질을 갖춤으로써 인류에게 도움을 줍니다. 이러한 유기 분자들은 하나씩 독립적으로 행동할 수도 있지만 많은 분자들이 한꺼번에 움직일 수도 있어요. 여러 개의 분자가 모여 더 높은 차원의 구조체가 되어 고차원적인 기능을 갖추고 움직일 수도 있죠. 이런 분자 집단을 '분자를 뛰어넘은 분자'라는 의미로 초분자라고 불러요.

이러한 초분자의 대표적인 예가 분자가 만드는 막인 분자막입니다. 우리 주변에서 쉽게 볼 수 있는 비눗방울이 있는데, 이는 틀림없이 분자막이에요. 또한 고차원적 기능을 하는 분자막의 예로 세포막이 있어요.

◯ 물에도 녹고 기름에도 녹는 계면활성제

유기 분자는 크게 설탕처럼 물에 녹는 친수성 분자와 기름처럼 물에 녹지 않는 소수성 분자로 나눌 수 있어요. 그런데 하나의 분자에 친수성과 소수성을 둘 다 가진 특별한 분자도 있는데, 이를 양친매성 분자라고 합니다. 세제 등의 계면활성제가 대표적인 양친매성 분자예요.

양친매성 분자를 물에 녹이면 친수성 부분은 물에 스며들지만 소수성 부분은 스며들지 않아요. 그 결과, 분자는 수면(계면)에 거꾸로 선 형태로 정렬돼요. 분자의 농도를 높이면 수면은 거꾸로 선 분자로 빽빽하게 뒤덮이게 되죠.

마치 조회를 하기 위해 운동장에 모여 줄을 맞추어 선 초등학생들과 비슷하다고나 할까요? 운동장 위를 나는 헬리콥터에서 운동장을 내려다보면 어린이들의 머리가 마치 까만 김처럼 보일 거예요. 이러한 분자 집단을 분자막이라고 불러요.

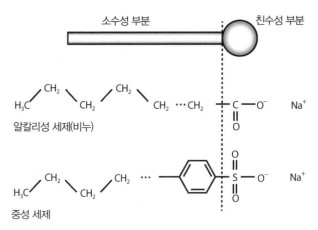

소수성 부분   친수성 부분

알칼리성 세제(비누)

중성 세제

세제 등의 계면활성제는 하나의 분자에 친수성 부분과 소수성 부분을 동시에 가집니다.

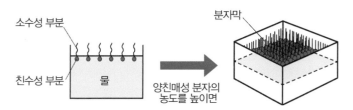

소수성 부분

분자막

친수성 부분   물

양친매성 분자의
농도를 높이면

세제를 물에 녹이면 친수성 부분은 물에 스며들지만 소수성 부분은 스며들지 않기 때문에 분자는 수면(계면)에 거꾸로 선 듯한 형태가 됩니다. 분자의 농도를 높이면 수면이 '거꾸로 선 분자'로 빽빽하게 뒤덮입니다.

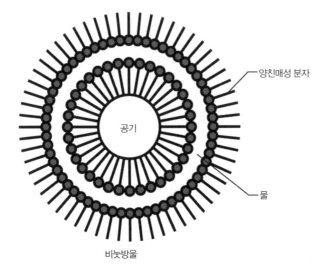

양친매성 분자

공기

물

비눗방울

비눗방울은 분자막 두 겹이 겹친 구조로 되어 있습니다. 두 장의 막은 친수성 부분이 접하면서 겹쳐지므로 이 겹친 부분에 물 분자가 끼어 있습니다.

분자막에서 중요한 점은 분자가 일정한 방향으로 정렬되어 있다는 점, 그리고 분자와 분자끼리 일절 결합이 없다는 점이에요. 이 부분이 고분자와 크게 다른 지점이에요. 고분자에서는 단위 분자끼리 공유 결합으로 단단히 결합해요. 그러나 분자막에서는 결합이 없어요. 단위 분자는 분자막 안을 자유롭게 움직일 수 있어요. 그뿐만 아니라 분자막에서 벗어날 수도 있고 다시 돌아올 수도 있어요.

🌀 세탁을 하면 얼룩이 지워지는 이유

세탁은 천에 묻은 기름때를 물에 녹여 제거하는 행위예요. 기름때는 소수성이기 때문에 물에 녹지 않지만 세제 용액에는 녹아요. 그 이유는 무엇일까요?

기름때가 묻은 옷을 세제 용액에 넣으면 기름때에 수많은 세제 분자의 소수성 부분이 접합해요. 그러면 기름때는 세제 분자에 둘러싸이고 하나의 집합체를 이루게 돼요.

이 집합체의 바깥쪽 부분을 볼까요? 동글동글한 친수성 부분이 쭉 늘어

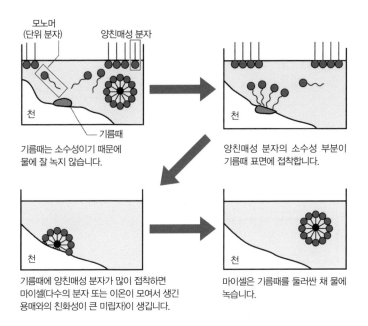

기름때는 소수성이기 때문에
물에 잘 녹지 않습니다.

양친매성 분자의 소수성 부분이
기름때 표면에 접착합니다.

기름때에 양친매성 분자가 많이 접착하면
마이셀(다수의 분자 또는 이온이 모여서 생긴
용매와의 친화성이 큰 미립자)이 생깁니다.

마이셀은 기름때를 둘러싼 채 물에
녹습니다.

서서 붙어 있어요. 즉, 이 집합체는 친수성입니다. 그렇기에 이 집합체는 기름을 둘러싼 채로 옷에서 떨어져 나가 세제 용액으로 나아가요. 기름때가 천에서 제거되었네요!

이것이 세탁의 원리입니다. '기름때를 분자막 보자기로 싸서 제거한다'라고 생각하면 쉬워요.

◯ 우리 몸속 초분자

81쪽 3-3에서 보았듯이, 동물이 지방을 먹으면 지방에 있는 3개의 지방산 중 1개가 인산으로 바뀌어 인지질이 돼요. 인지질은 계면활성제의 일종으로 1개의 친수성 부분(머리)에 2개의 소수성 부분(꼬리)이 붙어 있습죠.

이 분자가 만드는 분자막이 세포막의 기본이에요.

단, 198쪽에서 본 비눗방울과 달리 세포막은 소수성 부분이 서로 마주 보고 있어요. 이 마주 보는 부분에 단백질 등 생명체에 필요한 분자가 끼어 있죠. 이 단백질은 효소로서 작용하며 세포의 생명 활동을 지탱하는 데 중요한 역할을 해요.

세포막 구조와 비슷한 분자막은 앞으로 의료 분야에서 활약할 것으로 기

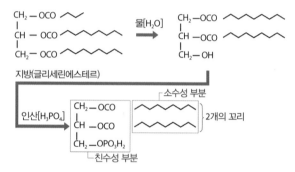

인지질이 만들어지는 과정입니다. 지방에서 지방산 하나가 떨어져 나가고 그 자리에 OPO_3H_2가 붙었습니다.

대되고 있어요. 그중 하나가 54쪽에서 살펴본 약물 전달 시스템(DDS)이에요. 분자막으로 만든 주머니 안에 약물을 넣어 투여하면 종양 등의 환부에 바로 전달할 수 있거든요. 이렇게 하면 약의 부작용을 줄이고, 비싼 약물을 효율적으로 사용할 수 있겠죠.

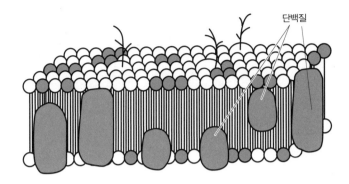

단백질

세포막의 구조입니다. 소수성 부분이 서로 마주 보며 세포막을 이루고 있습니다. 그 사이에 단백질 등 생명체에 필요한 분자들이 끼어 있습니다.

액체도 결정도 아닌 액정 분자

유기 분자 중에는 단순히 모이는 것을 넘어서 모든 분자들이 일정한 방향으로 향하는 성질을 지닌 것도 있어요. 그것이 액정 분자예요. 텔레비전과 스마트폰 등에 쓰이는 액정은 현대 정보사회를 지탱하고 있다고 해도 과언이 아니죠. 참고로 액정은 분자의 이름이 아니라 결정이나 액체, 기체와 같이 분자의 특정한 상태를 이르는 말입니다. 그렇기 때문에 온도와 압력 등 조건이 달라지면 액정 상태가 아니라 결정 상태나 액체 상태가 될 수도 있어요.

◯ '액정 상태'란 어떤 상태일까

일반적으로 분자 집합체의 모습은 온도에 따라 달라져요.

고체와 액체 그 사이 어딘가

분자는 저온에서 결정, 고온에서 기체, 그 중간 온도에서 액체 상태로 존재해요. 이를 분자의 상태라고 합니다. 기체 상태에서는 분자가 제트기 수준의 속도로 날아다니는데 이 분자들이 부딪치는 충격이 곧 압력이에요.

결정 상태는 분자가 그 위치와 방향 모두 일정하게 나열되어 규칙성이 있는 상태예요. 분자는 약간 진동하거나 회전하지만 중심은 이동하지 않아요.

반면 액체 상태는 위치와 방향의 규칙성을 잃은 난잡한 상태로 분자는 자유롭게 이동합니다.

이 말은, 위치와 방향이 고정된 결정 상태와 위치와 방향이 자유로운 액체 상태의 '중간 상태'가 있을 수 있다는 것을 의미해요. 위치는 고정돼 있으나 방향은 자유로운 상태를 A 상태라고 하고, 위치는 자유로우나 방향은 고정된 상태를 B 상태라고 할게요.

액정 상태의 위치는 '녹는점'과 '투명점' 사이

A와 B의 두 가지 상태 중 B 상태를 액정 상태라고 불러요. 액정 상태는 '시냇물의 송사리 집단'이라고 생각하면 이해하기 쉬워요. 송사리는 먹이를 구하기 위해 돌아다니지만 물살에 휩쓸려 떠내려가지 않도록 항상 상류 방향으로 머리를 두거든요.

아무 분자나 액정 상태를 취할 수 있는 건 아니고 특수한 분자들이 액정 상태를 취하는데, 이런 분자를 액정 분자라고 합니다. 일반 분자와 액정 분자를 각각 가열하면 어떻게 되는지 표로 살펴볼게요.

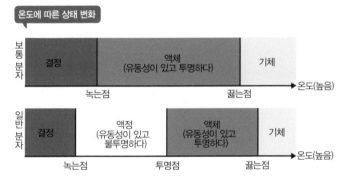

온도에 따른 상태 변화

액정 상태의 특징은 유동성이 있고 불투명하다는 점입니다.

상태의 종류

상태		결정	유연성 결정	액정	액체
규칙성	위치	○	○	X	X
	방향	○	X	○	X
배열 모식도					

액정 상태에서 분자의 위치는 제각각이지만 방향은 일정합니다.

액정 분자도 저온에서는 결정 상태이지만 녹는점에서 녹으면 유동성이 나타납니다. 그러나 액체 상태는 아니에요. 투명하지 않고 우유처럼 뿌연 색깔을 띠죠. 이것을 더 가열해 투명점에 이르면 투명한 액체가 돼요. 이 녹는점과 투명점 사이의 상태가 액정 상태예요.

액정 모니터를 차갑게 하면 결정 상태가 되어 모니터로서 기능을 상실해 버려요. 다시 따뜻하게 녹인다면 회복할지도 모르지만, 보증할 수는 없어요.

⬡ 액정 모니터의 작동 원리

현대 사회에서 우선 액정은 빠질 수 없는 물질이에요. 텔레비전이나 각종 모니터에 액정이 없다는 건 상상도 할 수 없는 일이죠. 액정은 어떤 원리로 화면을 나타내고 있는 걸까요? 액정 분자가 자신의 방향을 가역적으로 변화시키는 성질을 이용하고 있어요.

이해하기 쉽게 설명할게요. 우선 액정 분자 하나를 '크기가 크고, 가늘고 긴 직사각형 모양'이라고 생각해 봅시다.

정육면체 형태의 유리 용기에서 마주 보는 두 면의 안쪽에 평행하고 잘게 '스크래치'를 그어요. 유리 한쪽 면에 철사로 평행하게 스크래치를 그었다고 상상하면 쉬워요. 이 용기에 액정 분자를 넣으면 액정 분자는 스크래치 방향을 따라 정렬해요.

그 다음, 스크래치가 없는 두 면의 유리를 투명 전극으로 교체해요. 이 용기에 액정 분자를 넣으면 분자는 앞서 말한 것과 마찬가지로 스크래치 방향으로 정렬합니다(205쪽 그림 A). 그러나 투명 전극에 전기가 통하면 분자가 전기가 통하는 방향으로 90도 움직이는 거예요(205쪽 그림 B). 스위치를 켜거나 끌 때마다 액정은 이 동작을 가역적으로 반복하죠.

액정 패널 뒤에 발광 패널이 있어요. 관찰자는 투명 전극을 통해 발광 패널을 보는 것이 액정 모니터의 원리예요. 즉, 그림자의 원리랍니다. A에서는 발광 패널이 액정 분자에 가려져 화면이 어두워져요. 그러나 전기가 통한 B는 발광 패널이 보여 화면이 밝아져요. 알고 보면 단순하죠?

남은 일은 화면을 100만 개(!) 정도로 나누고, 각 부분을 독립적으로 전기를 통하게 하는 거예요. 만약 흑백이 아닌 컬러 화면을 만들고 싶다면 각 화소를 세 부분으로 나누어(무려 300만 개!), 각각에 빛의 삼원색인 파란색, 초록색, 빨간색의 형광체를 넣으면 완성이에요.

엄청난 기술이지만 결국 현대 과학이 해냈어요. 액정 텔레비전은 점점 더 빛나 보이지 않을까요?

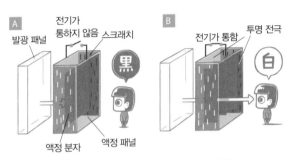

투명 전극에 전기가 통하면 분자의 방향은 전기 방향으로 90도 변화합니다.

분자들이 알아서 척척 움직여 초분자를 만들다

특이한 분자들끼리 모여 만들어지는 초분자가 있어요. 특정한 분자만 보면 자발적으로 붙잡기 위해 움직이는 분자가 있거든요. 이때 붙잡으러 가는 분자를 호스트 분자, 붙잡히는 분자를 게스트 분자라고 부르죠. 이런 반응을 다루는 화학 영역을 호스트-게스트 화학이라고 해요. 뭔가 네온사인이 빛나는 번화가가 연상되는 이름이네요.

🔘 왕관 속에서 빛나는 금속

2개의 탄소 사슬이 산소 원자[O]에 연결된 분자를 에터라고 불러요. 2개의 에틸기[CH_3CH_2]가 산소 원자에 연결된 다이에틸 에터[$CH_3CH_2-O-CH_2CH_3$]는 가장 잘 알려진 에터로, 유기화학 연구실의 실험대 위에 무조건 놓여 있는 화합물이에요. 그림의 고리 모양 화합물은 여러 개의 에터 부분이 결합해 고리 모양을 이룬 것으로, 일반적으로 크라운 에터라고 불러요.

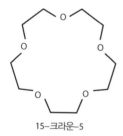

15-크라운-5

입체 구조

크라운은 '관'이라는 뜻이며, 이 분자의 입체 구조가 관 형태를 띱니다.

바닷물에는 금, 은, 우라늄 등 많은 금속이 녹아 있지만 이것들은 전자를 방출해 양이온[M⁺]이 됩니다(M⁺는 메탈(metal)의 약자로, 금속 이온을 뜻하는 기호다. – 옮긴이). 한편, 산소 원자는 음이온[O⁻]으로 전하되기 쉬워요. M⁺가 녹아 있는 물속에 크라운 에터를 넣으면 M⁺가 크라운 에터의 고리로 들어가 초분자가 돼요.

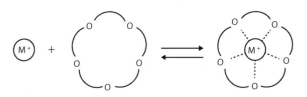

M⁺가 녹아 있는 물속에 크라운 에터를 넣으면 M⁺는 크라운 에터의 고리로 들어가 초분자가 됩니다.

금속 이온은 크기가 각각 다르고, 크라운 에터는 자신의 크기에 맞는 금속 이온을 우선적으로 붙잡아요. 이 효과를 이용하면 바닷물에 녹아 있는 우라늄[U]만 채취할 수 있어요. 이미 기술적으로는 완성되어 있어요. 문제는 비용이죠. 만약 미래에 우라늄의 가격이 급등한다면 이 기술의 상업화가 가능하지 않을까요?

◯ 금속 이온을 붙잡는 '분자 집게'

다음 208쪽 그림의 A와 B는 N=N 2중 결합에 2개의 크라운 에터가 결합한 분자들이에요. A에서 2개의 크라운 에터는 N=N 결합을 중심으로 서로 반대 방향으로 뻗어 있어요. 이런 배치를 트랜스형이라고 해요. 이 트랜스형에 자외선을 비추면 B 모양이 돼요. 2개의 크라운 에터가 같은 방향으로 배열되었고 시스형이라고 부르죠.

이 B 모양, 즉 시스형 크라운 에터 주변으로 금속 이온[M⁺]이 접근하면 집게가 빵을 집은 것처럼 분자가 금속 이온을 붙잡아요. 이때 크라운 에터를 가열하면 크라운 에터가 시스형(B)에서 트랜스형(A)으로 돌아가고 금속 이온을 놓아 주게 돼요. 분자 구조를 인위적으로 변화시킴으로써 분자가 인간에게 도움을 줄 수 있게끔 조종하는 이 기술, 단순하지만 획기적이에요. 분자가 사람의 의지에 따라 행동하다니!

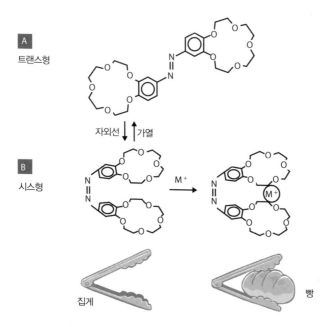

금속 이온(M⁺)이 녹아 있는 물속에 크라운 에터를 넣으면 금속 이온이 크라운 에터의 고리로 들어가 초분자가 됩니다.

세상에서 가장 작은 탄소 왕국의 자동차

화학자에게는 '매우 작은 기계를 만들고 싶다'라는 소망이 있습니다. 얼마나 작냐고요? 그 크기가 분자 하나예요. 그것보다 작은 기계는 존재하지 않기도 하지만요. 아무튼 '그게 가능한가'라고 생각할 수 있겠지만, 바로 앞에서 살펴본 분자 집게는 '기계'는 아니라도 '도구'라고는 말할 수 있을 만한 것이었지요.

이런 상황에서 과감하게 하나의 분자로 이루어진 자동차를 만들어 보자는 생각으로 만든 것이 일분자 자동차입니다. 탄소 왕국의 왕에게 걸맞은 승용차가 아닐까요?

⬡ 일분자 일륜차

처음부터 '자동차'를 만드는 것은 너무 어렵습니다. 처음에는 바퀴 1개짜리 일륜차, 그 다음에는 바퀴 2개짜리 이륜차 순서로 밟아가는 게 좋을 듯하네요. 먼저 일분자로 이루어진 일륜차, 즉 일분자 일륜차는 만들 수 없을까요?

사실 이미 있어요. 우리가 아는 일륜차와는 다르지만, 서커스에서 피에로가 타는 공도 일륜차라고 생각한다면 52쪽과 191쪽에서 살펴본 완전한 구 모양 분자, C_{60} 풀러렌이 있어요. 이것으로 일분자 일륜차는 해결되었어요.

⬡ 일분자 이륜차

다음은 일분자 이륜차인데 이것도 간단합니다. 2개의 풀러렌을 직선형의 분자로 연결하면 되니까요. 직선형의 분자에 무엇이 있을까요? 아세틸렌 [HC≡CH]이 좋겠네요. 일분자 이륜차도 완성되었어요.

C₆₀풀러렌

왼쪽은 일분자 일륜차인 풀러렌입니다. 직선형의 분자 아세틸렌에 연결하면 오른쪽과 같은 일분자 이륜차가 됩니다.

🌀 일분자 삼륜차

이것도 사실 완성되어 있어요. 다음 그림을 같이 보자고요. 그런데 현실 사회에서의 삼륜차와는 달리 3개의 '바퀴(풀러렌)'가 방사형으로 결합해 있어요. 그 결과, 이 삼륜차는 앞으로 나아갈 수 없고 정해진 위치에서 회전만 할 수 있어요.

3개의 풀러렌을 3중 결합으로 연결하면 불완전한 형태지만 일분자 삼륜차와 같은 것이 만들어집니다.

실제로 이 분자를 금[Au] 결정 위에 올려 두고 그 움직임을 관측했더니 예상대로 그곳에서 빙빙 회전할 뿐이었다고 해요.

이것을 실패라고 규정하면 더는 연구를 진행할 수 없어요. 왜 이 삼륜차는 정해진 위치에서 회전만 할까요? 이 분자의 움직임이 단순한 열 진동에 의한 것이라거나 금 결정의 표면에서 미끄러지는 것이라면 회전 운동을 하지 않을 거예요. '회전 운동을 했다'라는 것은 C_{60} 풀러렌이 바퀴로서 제대로 기능하며 움직였다는 증거예요. 화학적인 의미는 매우 크다고 할 수 있답니다.

'칭찬은 고래도 춤추게 한다'라는 말이 있습니다. 과학도 마찬가지입니다. 실험 결과를 발표할 때는 그 결과를 가진 의미를 최대한 헤아리는 동시에 그 실험을 칭찬하는 것이 중요해요. 그런데 '보잘것없는 실험 결과를 발표하겠습니다' 등으로 말한다면 실험 결과가 너무 초라해지겠죠.

◯ 일분자 사륜차

다음의 일분자 사륜차 그림을 볼까요? 실제로 합성된 물질이에요. 자동차의 기본을 이루는 I자 모양의 차대에 4개의 바퀴가 붙어 있는 것과 같아요. 빠진 곳은 한 군데도 없어요. 완전한 일분자입니다.

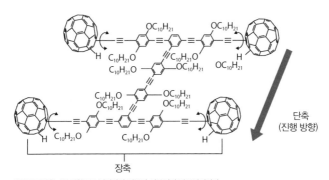

4개의 풀러렌을 3중 결합으로 연결하면 일분자 사륜차가 만들어집니다.

다음 그림은 일분자 사륜차를 금 결정 위에 놓았을 때의 궤적이에요. 중요한 점은, 분자가 짧은 거리로만 움직인다는 사실이에요. 진행 방향을 바꿀 때 분자가 회전합니다. 이는 바퀴를 돌려 가며 진행하고 있음을 의미하죠.

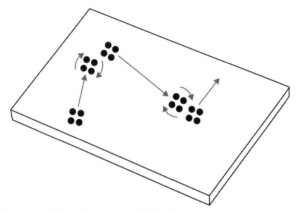

분자가 회전하기 때문에 진행 방향을 바꿀 수도 있습니다.
※ 출처: Y.Shirai · A.J.Osgood · Y.Zhao, K.F.Kelly · J.M.Tour, 2005

⬡ 자력으로 움직이는 일분자 자동차

지금까지 살펴본 '자동차'에는 안타깝지만 엔진이 없어요. 스스로 움직일 수 없고 누군가에게 이끌려 움직일 뿐이죠. 옛날에 끌던 리어카와 같다고나 할까요.

그렇다면 자발적으로 움직이는 자동차는 불가능한 걸까요? 아뇨, 가능합니다. 스스로 움직이고 이동하는 일분자 기계도 완성되었거든요.

2017년 전 세계에서 일분자 자동차들의 국제 레이스가 열렸습니다. 경기장은 프랑스 툴루즈였어요. 6대의 자동차가 참가했는데, 그중 일본에서 만든 자동차도 있었죠.

어떤가요? 쉽사리 믿을 수는 없겠지만 농담이 아니에요. 탄소 왕국은 여기까지 진보해 왔어요. 지금은 만들려고 한다면 어떤 분자라도 만들 수 있을 정도로 진보했어요.

그러나 다음 그림과 같이 간단한 사각형 분자, 사이클로뷰타다이엔은 만들어낼 수 없어요.

사각형 분자인 사이클로뷰타다이엔. 과거에 수차례나 합성을 시도했지만 실패했습니다. 현재는 분자의 집합체로는 원리적으로 합성할 수 없다는 것이 증명되었습니다.
※ 출처: Y.Shirai · A.J.Osgood · Y.Zhao · K.F.Kelly · J.M.Tour, 2005

이는 화학이 발달하지 못한 탓이 아니에요. 과학적으로 불가능하다고 입증되었어요. 이는 66쪽에서 봤던 나온 우드워드 · 호프만 법칙에 따른 것입니다. 그러나 이것 또한 '분자의 집합체로 만드는 것이 불가능'할 뿐이며, 주위에 아무것도 없는 '우주 공간에 단 1개'와 같은 극한의 상태라면 만들 수 있다고 해요. 실제로 이러한 상태에서는 합성에 성공했어요(35K, 즉 영하 238도 미만의 온도에서 매트릭스 분리 기술에 의해 관찰될 수 있다. - 옮긴이). 이렇게 논리력을 발휘해 여러 증명을 해내는 것 역시 탄소 왕국 실력의 일환이에요.

마치며

　여기까지 읽느라 수고하셨습니다!

　어땠나요? 탄소 왕국의 폭넓은 활동과 발전 속도, 유용성, 가치에 새삼 놀라지 않았나요? 탄소 왕국은 지금도 끊임없이 발전하고 있어요. 전 세계의 유기화학 연구실에서는 이 순간에도 완전히 새로운 유기 화합물, 즉 '새로운 국민'이 탄생하고 있어요. 그중 몇몇은 분명 인류의 새로운 친구로서 인류를 돕고 그 생활을 풍요롭게 하겠죠.

　인류의 주거, 가구, 의복, 생활용품 대부분이 플라스틱 등의 유기 화합물입니다. 이 추세는 앞으로 더욱 가속되겠지요. 비행기뿐만 아니라 자동차와 선박도 머지않아 탄소섬유로 만들어질 거예요. 유기 태양전지를 실은 인공위성이 탄소 나노 튜브로 만든 줄을 통해 지구에 전력도 보내주겠지요. 또한 새로운 약물이 계속해서 개발되며 인류를 질병의 고통에서 벗어나게 도울 것입니다. 그런 꿈을 꾸면서 이 책을 마치고자 합니다. 마지막까지 읽어 주셔서 감사드립니다.

　마지막으로 과학 서적 편집부의 이시이 겐이치 씨, 참고 문헌의 저자분들, 그리고 출판사 분들에게 깊은 감사를 드립니다.

사이토 가쓰히로

齋藤勝裕. (2003). 分子膜ってなんだろう. 裳華房.

齋藤勝裕. (2003). 絶対わかる有機化学. 講談社

齋藤勝裕, 山下啓司. (2005). 絶対わかる高分子化学. 講談社.

齋藤勝裕, 下村吉治. (2007). 絶対わかる生命化学. 講談社.

齋藤勝裕. (2008). 分子のはたらきがわかる10話. 岩波書店.

齋藤勝裕. (2009). ステップアップ 大学の有機化学. 裳華房.

齋藤勝裕. (2011). へんなプラスチック、すごいプラスチック. 技術評論社.

齋藤勝裕. (2015). 生きて動いている「有機化学」がわかる. ベレ出版.

齋藤勝裕. (2015). 新素材を生み出す「機能生化学」がわかる. ベレ出版.

齋藤勝裕. (2017). 分子マシン驚異の世界. C＆R研究所.

齋藤勝裕. (2017). 分子集合体の科学. C＆R研究所.

齋藤勝裕. (2018). プラスチック知られざる世界. C＆R研究所.

齋藤勝裕. (2008). 毒と薬のひみつ. SBクリエイティブ.

齋藤勝裕. (2010). 知っておきたい太陽電池の基礎知識. SBクリエイティブ.

齋藤勝裕. (2009). マンガでわかる有機化学. SBクリエイティブ.

齋藤勝裕. (2011). 知っておきたい有機化合物の働き. SBクリエイティブ.

하루 한 권, **탄소**

초판인쇄 2023년 04월 28일
초판발행 2023년 04월 28일

지은이 사이토 가쓰히로
옮긴이 일본콘텐츠전문번역팀
발행인 채종준

출판총괄 박능원
국제업무 채보라
책임번역 김예진
책임편집 정재원 · 김도영
디자인 홍은표
마케팅 문선영 · 전예리
전자책 정담자리

브랜드 드루
주소 경기도 파주시 회동길 230 (문발동)
투고문의 ksibook13@kstudy.com

발행처 한국학술정보(주)
출판신고 2003년 9월 25일 제406-2003-000012호
인쇄 북토리

ISBN 979-11-6983-230-4 04400
    979-11-6983-178-9 (세트)

드루는 한국학술정보(주)의 지식 · 교양도서 출판 브랜드입니다.
세상의 모든 지식을 두루두루 모아 독자에게 내보인다는 뜻을 담았습니다.
지적인 호기심을 해결하고 생각에 깊이를 더할 수 있도록, 보다 가치 있는 책을 만들고자 합니다.